魔法講盟

密室逃脫
創業育成
Innovation & Startup SEMINAR

失敗才是創業的常態，
您卡關了嗎？

在台灣，創業一年內就倒閉的
機率高達90%，而存活下
來的 10% 中又有 90% 會
在五年內倒閉，也就是
說能撐過前五年的創
業家只有 1%！

一個創業事業的失敗往往不是一個主因造成，
而是一連串錯誤和 N 重困境累加所致，
猶如一間密室，
要逃脫密室就必須不斷地
發現問題、解決問題。

「密室逃脫創業育成」由神人級的創業導
師——王晴天 博士主持，以一個月一個主題
Seminar 研討會形式，帶領欲創業者找出
「真正的問題」並解決它，人人都有老闆夢，
想要創業賺大錢，您非來不可！

保證有結果的國際級課程＊

保證大幅提升您創業成功的機率增大數十倍以上

許多的新創如雨後春筍般出現，最終黯然退場的也不少。
沒有強項只想圓夢的創業、沒有市場需求的創業、搞不定人、
跟風、趕流行的創業項目……
這些新創難逃五年內會陣亡的魔咒！！

想創業但缺資源、機會，哪裡找？

創業夥伴怎麼選？

資金短缺/融資用完，怎麼辦？

如何因應競爭者的包圍？

創業，會遇到哪些挑戰？
從0到1、從生存到成功……
絕對不容易！！

市場變化快速，如何瞭解消費者最新需求？

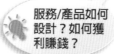

服務/產品如何設計？如何獲利賺錢？

經營、管理、領導的異同為何？

其實，創業跟你想像中的很不一樣……

創過業的人才懂創業家的痛點

☑ 我想創業，哪些事情「早知道」會更好？

☑ 想創業但缺資源、機會，哪裡找？

☑ 盈利模式不清晰，發展陷入迷局？

☑ 我想自創品牌，該如何切入？

☑ 經營團隊能力不能互補，如何精準「看人」？

☑ 如何達成銷售額最大化和成本最小化？

☑ 行銷如何 STP 精準做到位？

☑ 賺一次的錢？還是持續賺客戶的錢？

☑ 急著賺錢：卻失去了客戶的核心價值，咋辦？

☑ 以為產品比對手好，消費者就會買單嗎？

在創業導師團隊的協助與指引下，

帶您走出見樹不見林的誤區，

一起培養創業腦！

創業導師傳承智慧
拓展創業的
視野與深度

由神人級的創業導師——

王晴天博士親自主持，以一個月一個主題的博士級 Seminar 研討會形式，透過問題研討與策略練習，帶領學員找出「真正的問題」並解決它，學到公司營運的實戰經驗。激發創業者自身創造力，提升尋求解決辦法和對策的技能，完成蛻變，至創業成功財務自由為止！

經由創業導師的協助與指引，能充分了解新創公司營運模式，
同時培養創新思維，
引導您成為未來的新創之星。

不只教你創業，是一起創業

密室逃脫創業培訓，

採行**費曼式學習法**，由創業導師**王晴天**博士親自主持，以其三十多年創業實戰經驗為基調，並取經美國Draper University（DU）、SLP（Startup Leadership Program）、貝布森學院（Babson College）、日本盛和塾、松下幸之助經營塾、中國的湖畔大學……等東西方最夯的國際級創業課程之精華，融合最新的創業趨勢、商業模式，設計規劃**「密室逃脫創業育成」**課程，精煉出數十道創業致命關卡的挑戰！以一個月一個主題的博士級 Seminar 研討會形式，透過學員分組 Case Study、分享解決之道，在老師與學員的互動中進行問題研討與策略練習，學到公司營運的實戰經驗，突破創業困境。再輔以〈一起創業吧〉的專業團隊輔導，手把手一起創業賺大錢！

體驗創業 ➡ 沙盤推演 ➡ 成功見習

用行動去學習：費曼式學習法

由諾貝爾物理獎得主
理查德費曼（Richard Feynman）
所創造費曼學習法的核心精神——
透過「**教學**」與「**分享**」
加速深度理解的過程，
分享與教學，能加深記憶，
轉換成為內在的知識與外顯的能力。

教學就是最好的內化與驗證
「你是不是真的懂了？」的方式，
如果你不能運用自如，
怎麼教別人呢？

一個人只有通過教・學・做，才能真正學會！　掃碼了解更多 ▶

One can only learn by teaching

書讀得再多、學習得再廣，
如果不能寫出來、不能向別人說出來，
就無法成為自己的東西。

**教學能讓大腦由被動接受轉為
主動創造而刺激學習效能。**

美國國家訓練實驗室研究證實，不同的學習方式，
學習者的平均效率是完全不同的。

30%

50%

90%

傳統學習方式

例如聽講、閱讀，屬
於被動的個人學習，
學習吸收率低於**30%**。

主動學習法

例如小組討論，轉教
別人，學習吸收率可
以達到**50%**以上。

模擬教學學習法

費曼強調的「模擬教
學學習法」，吸收率
達到了**90%**！

而又如何能達到 99％ 的信度與效度呢？

創業有方法，
成功也有門道！

Ans: 晴天式
學習 &OPM
、EMBI……

Learning by Experience

★ 經驗與新知相乘
★ 西方與東方相輔
★ 資源與人脈互搭

「密室逃脫創業育成」課程，提供一套落地實戰，歐美、兩岸都熱衷運用的創業方法論。每月選定一創業關卡主題，由學員負責講授分享，再由創業導師點評、建議策略與指導，並有創業教練的陪伴式輔導，確保您一直走在正確的道路上，直至創業成功為止！

教中學、學中做
的授課形式 》

如何避免陷入創業困境和失敗危機？

創業，或是任何一個新事業，都需要細密、有邏輯性的規劃與驗證。創業者難免在犯錯中學習成長，但有許多錯誤可以透過事前分析來預防，降低創業團隊的試錯成本。

如果能先對那些創業過程中

最常見的錯誤、最可能碰上的困境與危機

進行研究與分析，再有業師的從旁協助，

是不是就能大幅提高成功的機率？

有三十多年創業實戰經驗的王博士，有豐富的成功經驗及宏觀的思維，將帶領有志創業或正在創業路上的你，一一挑戰每月的創業任務枷鎖，避開瞎子摸象或見樹不見林的盲點，少走冤枉路，突破誤區！

為什麼創業會失敗？
站在八大明師的肩上學會 創意‧創富‧創新
明師指路，減少摸索二十年，創造人生新高點！
就讓八大業界領袖為你剖析敗因、指出明路，助你找出人脈、摳出錢潮、迎向勝利人生！
世界八大明師亞洲首席
王擎天 等 著

沒有空談，只有乾貨

課程架構

創業
智能養成
×
落地實戰
技術育成

「密室逃脫創業育成」
課程架構與規劃——

我們將新創公司面臨的關鍵挑戰分成：**營運發展、市場、資金、管理、團隊**這五大面向來討論。每一面向之下，再選出創業家要面對的問題與關卡如：**價值訴求、目標客群、行銷、品牌、通路、盈利模式、用人、識人、風險管理、資本運營**……等數十個課題，做為每月主題來研究與剖析，由專業教練手把手帶你解開謎題，只有正視困境，才能在創業路上未雨綢繆，突破創業困境，走向成功。

　　將帶給您保證有效的創業智慧與經驗，並結合歐美日中東盟⋯⋯等最新趨勢、新知與必備知識，如最夯的「阿米巴」、「反脆弱」、OKR、跨界競爭、平台思維、新零售、全通路、系統複製、卡位與定位、社群化互聯網思維、沉沒成本、價格錨點、邊際成本、機會成本、USP → ESP → MSP、ROE、格雷欣法則、雷尼爾效應、波特·五力模型⋯⋯等全方位、無死角的知識與架構我們已為您備妥！在名師指引下，手把手地帶領創業者們衝破創業枷鎖。

來參加密室逃脫創業培訓的學員，保證提升您創業成功的機率增大數十倍以上！

你是否對創業有興趣，卻不知從何尋找資源？

醞釀許久的好點子，卻不知如何起步？

正在創業，卻面臨資金及人才的不足？

有明確的創業計劃，卻不知該如何行動？

別再盲目摸索了──

一年 Seminar 研究
二年 Startup 個別指導
三年保證創業成功賺大錢！

🕐 **時間：★為期三年★**

每月第三週
- 星期二 15:00 起 ▶ 創業 Seminar
- 星期四 15:00 起 ▶ 創業弟子密訓及見習
- 星期五晚上 ▶〈我們一起創業吧〉

💲 **費用：★非會員價★ 280,000　　★魔法弟子★免費**

🏠 **上課地點**

新北市中和區中山路二段 366 巷 10 號 3 樓　中和魔法教室

★★★ 弟子永續免費受訓！手把手一起創業賺大錢！保證成功！★★★

世上最有效的
企業經營理念——

創業／阿米巴經營

**讓你跨越時代、不分產業，
一直發揮它的影響力！**

2010 年，有日本經營之聖美譽的京瓷公司（Kyocera）創辦人稻盛和夫，為瀕臨破產的日本航空公司進行重整，一年內便轉虧為盈，營收利潤等各種指標大幅翻轉，成為全球知名的案例。

這一切，靠得就是阿米巴經營！

阿米巴（Amoeba，變形蟲）經營，為稻盛和夫在創辦京瓷公司期間，所發展出來的一種經營哲學與做法，至今已經超過 50 年歷史。其經營特色是，把組織畫分為十人以下的阿米巴組織。每個小組織都有獨立的核算報表，以員工每小時創造的營收作為經營指標，讓所有人一看就懂，幫助人人都像經營者一樣地思考。

魔法講盟傳授您一套……
締造 3 間世界 500 強公司，
歷經 5 次金融海嘯，
60 年持續高利潤，
從未虧損的經營模式！

☑ 如何幫助企業創造高利潤？
☑ 如何幫助企業培養具經營意識人才？
☑ 如何做到銷售最大化、費用最小化？
☑ 如何完善企業的激勵機制、分紅機制？
☑ 如何統一思想、方法、行動，貫徹老闆意識？

阿米巴經營＝
經營哲學×阿米巴組織×經營會計

**將您培訓為頂尖的經營人才，
讓您的事業做大・做強・做久，
財富自然越賺越多！！**

開課日期及詳細授課資訊，請上
https://www.silkbook.com 查詢或撥打真人
客服專線 02-8245-8318

新·絲·路·網·路·書·店
silkbook●com

13

超級好講師
徵 的就是你

▶▶▶ **最好的斜槓就是當講師**

☑ 你渴望站在台上辯才無礙，為自己創造下班後的斜槓收入嗎？

☑ 你經常代表公司進行教育訓練，希望能侃侃而談並成交客戶嗎？

☑ 你自己經營個人品牌，卻遲遲無法跨越站上舞台的心理障礙嗎？

☑ 你渴望站在台上發光發熱，躍升成為受人景仰的專業講師嗎？

世界上最重要的致富關鍵，就是你說服人的速度有多快，而最極致的說服力就來自於一對多的演說。手拿麥克風站上演講台，一邊分享知識、經驗、技巧，還可以荷包賺滿滿，讓人脈源源不絕聚集而來，擴大影響半徑並創造合作機會，建構斜槓新人生！不論您從事任何行業，都應該了解海軍式的會議營銷技巧，以講師斜槓幫助本業！在成為講師的路上，**魔法講盟** 成就你成為超級好講師的夢想!!

成果發表

上台演練

課後調整

教學方法

課程設計

只要你願意……
魔法講盟幫你量身打造成為超級好講師的絕佳模式！
魔法講盟幫你搭建好發揮講師魅力的大小舞台！

只要你願意……
你的人生，就此翻轉改變；你的未來，就此眾人稱羨！
別再懷疑猶豫，趕快來翻轉未來，點燃夢想！

5階段培訓

魔法講盟·專業賦能
超級好講師，真的就是你！

課程內容 *About*

現在是個人人都能發聲的自媒體時代，魔法講盟推出一系列成為超級好講師課程，並端出**成功主餐**與**圓夢配餐**為超級好講師量身打造專屬於您的圓夢套餐，完整的實戰訓練＋個別指導諮詢＋終身免費複訓，保證晉級A咖中的A咖！

課程資訊 *Information*

時間

2020年 ▶ 7/24 (五)、8/28 (五)、9/8 (二)、9/22 (二)、9/25 (五)、10/30 (五)、11/10 (二)、11/24 (二)、12/22 (二)

2021年 ▶ 1/8 (五)、1/12 (二)、2/5 (五)、3/5 (五)、3/9 (二)、4/9 (五)、4/13 (二)、5/7 (五)、5/25 (二)、6/4 (五)、7/2 (五)、7/13 (二)、8/6 (五)、9/3 (五)、9/28 (二)、10/1 (五)、10/26 (二)、11/5 (五)、11/9 (二)、12/3 (五)、12/14 (二)、12/28 (二)…

掃碼報名

進階課程

成功主餐
公眾演說、講師培訓
百強PK、出書出版
影音行銷、超級IP…

✕

圓夢配餐
區塊鏈、BU
密室逃脫、自己的志業
自己的產品、自己的項目
自己的服務、WWDB642…

地點 **中和魔法教室**
新北市中和區中山路2段366巷10號3樓
位於捷運環狀線中和站與橋和站間
半圓形郵局西巷子裡

客服專線 **(02)8245-8318**

課程原價 ~~$19800~~ **僅收場地費 $100**

由於每堂課的講師與主題不同，建議
您可以重複來學習喔！

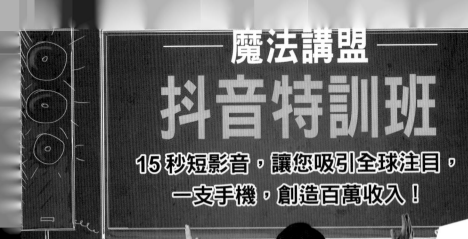

魔法講盟
抖音特訓班

15 秒短影音，讓您吸引全球注目，
一支手機，創造百萬收入！

近年，
各大社群平台都流行以
「影片」來吸引用戶的眼球，
但不同以往那些長 30 秒，甚至是長達
幾分鐘的廣告，
全球瘋「短影音」，現在只要影片超過 20 秒，
用戶注意力就會消失，
而精彩的短片正是快速打造個人舞台最好的方式。

猜測那個平台最有效，
不如把心力花在思考如何有效運用社群平台？

您可能會問，那麼多社群平台為什麼要選擇抖音？
現在各大社群 FB、IG、YouTube 都有短影音，
但它們現在的觸及率不到 2％！
抖音是目前所有社群平台裡觸及率及流量高達 100％的平台，
不用任何一毛廣告費，您就能獲得超乎期待的回報！
現在就拿起手機拍影片，打造超級人氣，
讓大把鈔票流進口袋！

教您……

- ♪ 帳號定位與營運
- ♪ 拍攝介面應用實作
- ♪ 影片拍攝剪接實作
- ♪ 爆款漲粉製作
- ♪ 內容架構執行規劃
- ♪ 錄影技巧實作
- ♪ 背景音樂使用實作
- ♪ 粉絲變現導流量

一支手機，就讓全世界看到您！

開課日期及詳細授課資訊，請掃描 QR Code，或上 新‧絲‧路‧網‧路‧書‧店 silkbook○com https://www.silkbook.com 查詢

社群營銷的魔法

的 魔法

社群營銷權威 **陳威樺** ／ 著

| 社群媒體營銷聖經 |

Inspire Magic x Social Media x Marketing

走出翻倍價值的人生路

我與威樺的結識其實是從一本書開始，幾年前威樺在坊間看到了我著作的《王道：行銷 3.0》這本書，他對內容十分有興趣，便在 FB 上跟我進行了多方的討論，我們因此有了初步的認識。之後，再相遇的機緣也十分奇妙，因為我個人很喜歡遊山玩水，三不五時還會帶著魔法講盟的弟子們去探訪台灣及世界各處

的祕境，並進行商業性的論劍活動。而熟悉我的朋友們大都知道我有一種特殊的能力，即是看了一張景點的照片後，往往就知道這是在哪裡拍攝的。記得由齊柏林空拍的《看見台灣》首次播出時，完全沒有標註每個畫面的地點是在哪裡，而我幾乎都能清楚地指出拍攝地點。也因此，有好幾家企業內部播放這部影片時，都會請我在旁解說。有一次威樺在 FB 貼上一張他在海邊拍的照片，上面沒有任何建築物或地標，而我一眼就看出這是在花蓮的七星潭拍攝的，所以就在威樺的 FB 上註記了「七星潭」三個字，頓時讓威樺感到訝異，因而也與我有了更深入的線上交流。2018 年，有鑑於許多學員參與培訓課程之後，沒有舞台可以發揮，在學員的期盼下，我與多位弟子成立了魔法講盟，開辦一系列國際級優良課程，以優質的講座服務大家，並給予優秀人才發光發熱的舞台，以行動貫徹魔法講盟「知識服務」的理念。2019 年 11 月魔法講盟舉辦「台灣版時間的朋友暨生日趴」，邀請各領域貴賓分享最新的國際趨勢新知，當天威樺也帶著神祕大禮來祝賀我，讓我感到非常驚喜。當日，威樺因見識到活動內容豐富

且場面盛大而受到感動，毅然決然地加入魔法講盟成為弟子，我們就著魔法講盟培訓課程的發展狀況侃侃而談，這時我也才知道他是一位網路行銷的專家！

2020 年，在威樺結束上一家公司的合約後，我立刻聘請他為魔法講盟的行銷長 CMO，與執行長 CEO 吳宥忠及技術長 CTO 泰倫斯共同挑起魔法講盟的大樑！令人訝異的是威樺成為魔法講盟弟子後，便積極參與幾乎所有的課程。3 月，我帶了數十位弟子上陽明山竹子湖八煙聚落，晚上到大台北非常知名、比瓦城更有味道的泰式餐廳聚餐論劍。論劍時，威樺暢談了他網銷班開課時的計畫，可謂是台灣培訓史上 CP 值最高的手把手網銷班！威樺來到公司幾個月後，在我的規劃與支持下，他終於開班授課

了！而且也完成了出書的夢想，成為暢銷書作家、站上亞洲八大舞台，成為萬眾矚目的國際級講師！本書是威樺出的第一本書，據我所知，在這一本書的製作過程中，他已著手進行第二本書的企劃撰寫了。除了出繁體版紙本書外，我也藉由大陸的出版人脈為他推廣簡體書籍之出版！

魔法講盟開辦由威樺主講的《營銷魔法學》、《十倍速自動賺錢系統班》等課程，參加的學員都反應上完課後獲益良多，太物超所

▲ 於「台灣版時間的朋友」與王晴天博士合影

值了！現在威樺將其師承眾多國際級大師的課程精華，及從事行銷的成功經驗、得勝心法和很多運用社群營銷而成功的真實故事全部收錄在這本《社群營銷的魔法》裡！在這個網路資訊快速更替的時代，想要拓展事業、開發客源、提升自身價值，社群營銷是你一定要學習的課題，而《社群營銷的魔法》就是你掌握社群營銷不容錯過的寶典！真誠推薦此書並祝福大家！

魔法絕頂，盍興乎來！

全球華語魔法講盟創辦人 王晴天

網銷祕訣大公開

　　第一次聽威樺老師在台上分享時，就覺得這年輕人懂得真多，又頻頻在臉書及 Line 收到他的廣告文案，於是我研究了一下他的文案內容。文案內容的確讓我心動、想立刻加入方案，那時候就想要跟威樺老師切磋一下網銷方面的知識，但好事多磨，緣慳一面。

　　如今威樺老師成為魔法講盟的一員大將，接受王博士有心栽培，終於要出書了，我也有幸為他寫序，這本書結合了威樺老師十多年的實踐與經驗，加上十幾種不同成功的方法與知識，裡面寫了很多行銷及創業心得與實際案例，對創業有興趣以及正在創業的人是相當值得參考的一本祕笈。

▲ 與吳宥忠老師合影

　　書中滿滿的都是許多網銷老師不會說也不願說的祕密，威樺老師卻毫無藏私地分享，讓我們得以借鑒成功者的經驗，避免犯錯的機率。相信這本書一定能成為你成長和成功路上最棒的指導手冊！真心希望所有看到這本書的讀者，都能從書中獲得力量。在這裡，鄭重地向大家推薦威樺老師的新書，本書是非常值得推薦大家好好研讀的一本良書！

魔法講盟執行長 吳宥忠

吳宥忠

學對行銷賺大錢

你好，我是「Google 推薦第一名」的行銷顧問——李健豪。如果你在 Google 搜尋「行銷顧問」，再打個空白鍵，你就會發現 Google 推薦我的名字。因為我在過去 9 年之間，協助超過 50 種不同產業的中小企業，創造超過二千萬美金以上的營收。我行銷過的產品可以說是「從行天宮賣到外太空」，五花八門，這邊我就不贅述了，有興趣的人可以 Google「行銷顧問 李健豪」，你會發現許多有趣的資料。

我顧問諮詢的服務標準是談話 30 分鐘以內，就幫對方想出 5 種以上新的行銷策略、賺錢妙計。在協助過這麼多企業透過「行銷」達到成功目標之後，我以過來人的身分，推薦你一定要好好拜讀威樺老師的《社群營銷的魔法》，因為**行銷是讓個人或企業利潤增長的「最大槓桿」**。

我看過許多企業，甚至我的客戶，他們 100 分的產品其功能可謂「台灣第一」、「世界第一」，可是他們的生意還是不好，因為他們不懂得行銷，最後落得把產品放到倉庫直到過期。我也看過許許多多客戶的產品，並不十分亮眼，只有 75 分，但是他們「用對了行銷」，或許只是一個簡單的策略，就讓業績大幅成長。有句話說得很有道理：**產品人人會生產，賣得出去才是王道**。

請問你的公司想要成為「產品世界第一」嗎？還是成為「銷售業績冠軍」呢？如果是後者，請你好好運用「行銷」這把武器，**它是一把四兩撥千金的「槓桿」**。不論你來自 360 行的哪一行，我深深地相信：**你的「領域知識」（Domain Knowledge）加上「對的行銷策略」（Marketing**

Strategy），一定會讓你的事業如虎添翼，登峰造極，這是我在實踐中已經協助客戶達到的、也是我這輩子一直在做的。

為了感謝你購買我的好朋友——威樺老師的新作，同時我也想鼓勵你在行銷領域更上層樓，**我決定免費提供我的一堂價值 1,280 元的線上培訓，送給支持威樺老師、購買了這本書的你！**

這堂 100 分鐘的線上課程裡面融合了我從剛出社會做業務人員，再到行銷企劃人員、行銷經理，最後成功開了自己的行銷顧問公司，這一路走來，我反覆磨練出來最管用、成功率幾乎達百分百的行銷手法。課程中也會分享如何**建立「自動化追單系統」**的祕訣，以及我過去如何利用這套系統，接到一年 168 萬甚至 900 萬的整合行銷案。

▲ 與李健豪老師合影

更棒的是，**這堂線上培訓教的方法可以和威樺老師的這本書相輔相成，**所以在你購買這本書之後，請到以下這個網址或掃描下方 QR code 索取我送給你的禮物！最後，**祝你「學對行銷賺大錢」！**我們在線上培訓再見！

國際行銷策略站創辦人 李健豪

李健豪

https://s.iljmp.com/9/bookgift

掃碼索取贈品

分享是知識經濟——成功的關鍵力量

你想知道——

如何吸引一群人關注你嗎？

如何讓人對你說的話感興趣嗎？

如何讓人立即對你產生積極的行動力嗎？

你一定要認識威樺老師！

你還在為找不到顧客而困擾嗎？

你還在憂愁自己的能力跟不上世界的改變嗎？

你還在緊張自己的荷包不斷縮水嗎？

你一定要認識威樺老師！

進入企業顧問與個人成長培訓事業這 20 年來，我走過 44 個國家，出版過 12 本高效能相關著作，我鄭重向大家推薦威樺老師，他是我遇過的上千位講師中，難得一見的精緻知識分享者。

什麼是精緻知識分享者呢？他是一位在市場上能夠將海內外最新訊息與知識，用最簡單的方式淬煉整合而成精華，分享給他周遭向他學習的企業組織與個人成長者，他毫不保留地將他師承世界各領域大師的精髓，在有效地運用後，將自身實戰演練過後的成效做經驗分享，至今已影響數十

萬人次。

　　13 年前，威樺老師參與了我所舉辦的演講活動因而結識，至今仍然可在大大小小的活動中看見他勤奮不怠的蹤影，「**堅持不懈、好學不倦、用思精緻**」這 12 字，值得讓還不認識他的讀者們先有初步印象，並藉由這本書，在最短的時間內抓得到重點而獲得閱讀的驚喜。想精進自己的人，我會建議你把這本書帶回家細細品讀，更可以在線上線下向威樺老師學習，向你的朋友們分享這新時代來臨下，大家該知道的營銷財富。

▲ 與王鼎琪老師合影

《商戰大腦格命》作者

高效能訓練師 王鼎琪

被動收入不是夢

我是非凡國際電商女神菲菲，從小因為父親的關係影響，大學期間選擇念教育相關的科系，大學畢業後曾於桃園中壢任職國小老師。利用課餘時間，我也去兼差家教、教舞蹈才藝班，沒想到愛賺錢的個性受到同事注意，才任職老師第二年就被推薦去做美商直銷。

做小學老師一個月 4 萬元，但是我做美商直銷一個月就有 30 萬元入帳。其實一開始我自己也很排斥，但是去聽課後才驚覺那些功課比我好的人都在做銷售業，心境調整後也就沒那麼牴觸了。開始做之後反而一發不可收拾，才發現自己原來那麼適合銷售業。

不過萬事起頭難，從作育英才的老師跳脫去做銷售，隔行如隔山，身邊的朋友圈都是小學老師，無人可以請教。在剛踏入銷售行業的前一、兩個月我還不太上手，當時的網際網路也不像現在發達，只能不斷地去聽課，下班回家後繼續聽著錄音帶，藉此來充實自己的口條與銷售能力。

所幸我從大學朋友開始去發展組織倒是走對了第一步，往後團隊也越來越壯大，第三個月起，我賺到了人生的第一桶金。「我做了快二十年，這是我人生中轉變最大的時候，培養出現在的我。」當初我成立非凡國際電商，也是受到命運的眷顧，2016 年年底，因緣際會之下，馬來西亞的朋友找上我，想透過我將小分子肽這一系列的產品引進台灣市場，非凡國際電商也就因此誕生。起初台灣人對於小分子肽這種產品尚不熟悉，我便找了許多醫師所做的研究、醫學論文，以及講義等資料，一面繼續尋找代理商，一面請醫師來向代理商上課，雙向配合著進行。成立的前期經營得

比較辛苦，後期開始在台灣打響知名度，甚至開始蔓延全亞洲，包含越南、日本和印尼。

　　我最先注意到威樺老師是在 FB 社團，因為他時常 PO 文，話題性又很足，所以很吸引人注意，我認為他是一個非常上進的年輕人。他很認真

▲ 與電商女神菲菲老師合影

學習並操作所有網路行銷工具，包含抖音、微信、FB、Line 行銷，而且都有實際的績效，非常厲害。威樺老師近來開很多網路課程，教大家使用社群工具來做行銷，我也多次邀請他到我們畫廊與教室來上課。希望大家都可以學習社群行銷，吸收威樺老師這本書裡面的內容，用網路行銷創造被動收入，建立團隊，打造個人品牌，享受非凡自由的生活。

非凡國際電商 陳菲菲

11

賺錢靠推銷，致富靠行銷

有很多人問我：

裕峯老師，

您如何從一個人，卻可以在 3 家公司創造萬人團隊？

您如何從學歷只有專科，現在卻可以連出 8 本暢銷書，成為《Career》雜誌和《直銷世紀》雜誌的御用顧問？

您如何從憂鬱症患者，卻可以站上北京大陸春晚？

您如何從貧戶，卻可以在 2021 年準備拍自己的故事電影？

我這一切人生像魔術一般的轉變，核心就在「賺錢靠推銷，致富靠行銷」這句話。我投資將近千萬在我的大腦，跟 20 位以上世界級數一數二的大師學習反敗為勝的祕訣，萬萬沒想到的是，這所有的祕訣都一一出現在威樺老師的這本書裡，因為我本身也經常使用，所以確實非常實用，所以大力推薦給各位讀者。

認識威樺老師也好幾年了，威樺老師給人的印象一直是一個非常真誠、努力、有企圖心的年輕人，他分享的祕訣都是親自實踐得來的，再看看他社群營銷方面的成就，就不難想像絕對實用。

如果你渴望讓實現自己財富倍增的夢想，我推薦你看《社群營銷的魔法》這本書！

如果你渴望讓所有貴人都來找你，那你一定要看《社群營銷的魔法》

這本書！

　　如果你渴望成為萬人迷，讓所有老闆都來找你，那你有 10,000 個理由，必看這本書！

　　所以祝福大家，擁有這本超實戰的營銷寶典！

《成交，就是這麼簡單》、《銷傲江湖》作者

亞洲提問式銷售權威 林裕峯

資訊的落差就是財富的落差

過去十多年來，我一直希望自己有一天能出人頭地。我看過幾百本關於成功的方法以及成功的故事，也上了許許多多的培訓課程，我的焦點一直放在「如何才能像他們一樣成功」，例如馬雲如何從一無所有到亞洲首富；郭台銘如何從無名小卒變成台灣首富；傑‧亞伯拉罕如何從沒沒無聞變成行銷大師；羅伯特‧G‧艾倫又如何成為理財大師等等。

小的時候我有一個夢想，曾經幻想過，如果能讓全台灣每個人每一年花一塊錢跟我買東西，我想這輩子應該就不用再為錢煩惱了。但事實是，我不知道要如何收到他們的錢、他們為什麼要付錢給我，我甚至不知道自己要賣什麼東西給他們。

學生時期因為經濟狀況的關係，考上了家裡附近的一所公立高職，念了工科，後來因為高職老師的建議，我在大學也繼續往工科研究進修。大學第四年，我得到了去企業實習的機會，是在桃園的一家滑軌製造公司，當我實習了一段時間之後，發現了一個驚人的事實，我對這種類型的工作毫無熱情！

這對當時的我打擊很大，花了那麼多的時間跟金錢接觸一門專業，卻對它毫無熱情，沒有熱情自然也不會用來回饋社會。更實際一點的是，我沒有辦法在這個領域成長茁壯。當下我意識到，必須快點找到一條屬於自己的路。於是我在大學最後一年延畢，試著去報考研究所，而且是商業類的，因為曾有位老闆告訴我，未來是從商的時代，老闆會是全世界最有錢的人。

　　經過了一年的補習之後，我順利考上了嘉義的國立大學研究所，但是評估進修的結果以及投資報酬率，我沒有繼續深造，而是選擇了服兵役。退伍之後，為了生活開始到處打工。我做過很多種行業，漸漸發現我對與人互動這件事情極有興趣，也因為身邊朋友的推薦，我開始轉行去做業務。

　　個性內向且毫無業務經驗的我，結果可想而知，每天不是被老闆罵，就是被客戶罵，有的時候連同事都對我落井下石，也因此換了好幾個業務工作。但是我並沒有放棄銷售導向的工作，因為我知道銷售是唯一可以實現我小時候夢想的機會，也是唯一能翻身、出人頭地的機會！於是我一面打工，一面去參加坊間的商業培訓。毫無商業知識的我只能利用下班時間進修學習，因為起步得比別人晚，唯有更加努力才行。

　　曾有一位老師這樣告訴我：「付費是最好的學習！」為什麼呢？因為當你付了錢給老師，老師才會願意全力幫助你、挺你。試著想像一下，如果今天有一個人要跟你學所有成功的方法，但是不願意給你任何好處，你會想花時間跟心力在他身上嗎？所以我報名了很多的課程，加入很多社團成為會員，買了很多的產品。總是幻想那個成功美好的自己，四年過去了，我得到所有成功的一切了嗎？答案是沒有，我依然在原地踏步！

　　這對當時的我打擊很深，以為只要肯付出努力、學費，學習上進就能成功，身邊的朋友都成功了，有的已經年薪百萬，有的已經成家立業，我卻一直在原地踏步。對於自尊心高的我真的是難以接受，所以有一段時間聽到賺錢機會就怕，心裡總想著：「反正又是要我花錢投資，然後以失敗收場，最後自己承擔一切後果。」

　　直到 2017 年的某一天，我在網路上看到一個廣告，在我那不見起色

的人生中激起了一陣漣漪。當時那個廣告文案是這樣寫的：「世界第一行銷大師傑・亞伯拉罕即將來台跟你分享世界級的行銷策略」，這個廣告深深打動了我的心，傑・亞伯拉罕是我從小聽到大的偶像，更是我很多老師的老師。我心裡有一個微小的聲音在問我：「我想知道成功者到底在想什麼，他們到底是怎麼做到的？」

於是我報名了這堂課，花了近六位數的學費。因為我太想知道成功的方法，想知道成功的人為什麼會成功，想知道我有沒有機會跟他們一樣成功，想知道當我成功後，等待著我的會是什麼？所以我到處借錢只為報名課程。

窮人用脖子以下的功能賺錢，富人用脖子以上的功能賺錢，你覺得有道理嗎？當我上完世界級的培訓課程，才發現以前的我太過無知，甚至可以說是太愚昧了，如果可以早五年上到這堂課的話，我的人生絕對不只如此。

人生最大的風險就是不去冒險，以前的我太過自以為是，以為自己已經什麼都知道了，什麼都學會了，所以不願意再持續學習，結果就是四年之後一無所有。我開始研究世界大師的成功智慧，並且將之運用在事業上，創造了一些魔法，我的業績翻倍成長，人脈變得更廣、更好，收入開始不斷增加。更棒的是，我幫助更多人實現財富的夢想，我的視野變得更開闊了，當然還有其他更多更好的轉變。

資訊的落差就是財富的落差，這就是我為什麼要出這本書的動機。**人們都以為現在是資訊爆炸的時代，但我認為現在是資訊斷層的時代。**如果資訊這麼發達，為什麼人們的生活越來越辛苦，為什麼中小企業紛紛倒閉？你知道嗎，那是因為資訊更新太快了，你只要一天不學習，你就輸給

別人一大步了。

　　在這裡我要特別感謝兩位老師，因為他們所付出的一切，徹底地改變了我。第一位是創富夢工場的杜云安老師，他陸陸續續地把世界級大師引薦進台灣，讓在台灣的我不用出國，也能近距離向大師學習，學到最頂級的商業競爭力以及公眾演說，讓我從無名小卒變成了業界小有影響力的講師。

▲ 和杜云安老師在 101 《台北聯誼社》的合影

　　再來我尤其要感謝的就是台灣最大的培訓機構全球華語魔法講盟的創辦人——王晴天董事長，我跟董事長認識也有三年了，這三年來其實我們沒有什麼合作的機會，只是單純在網路上進行交流，但幸運的是董事長對我的能力讚賞有佳，當我說我要自立品牌的時候，董事長就為我準備了舞台以及聽眾；當我說要寫一本有關社群營銷的書時，也就是大家手上這本《社群營銷的魔法》，董事長也是第一個力挺我的人，我相信沒有他就沒有現在的我，沒有他就沒有這本書的存在。少了這兩位貴人的幫助，我想我就沒有足夠的能力，能夠一次又一次地成長苗壯了！

　　最後我要感謝我的家人，一直不斷地默默支持我，我的爸爸從小就教我做人要安分守己，所以我沒有做出太多讓他擔心的事；但我的媽媽則一直為我操心，從小她就希望我考上好的學校，所以一直花錢讓我上補習班，買一大堆營養品給我，退伍後因為我工作一直不穩定，所以她常常為我煩惱。直到有一天她來聽我演講之後，才逐漸放了心，現在她也是我的忠實支持者之一。

　　當然還有太多太多需要感謝的人了，我的老師曾經告訴過我：「感恩不如報恩」。我記住了，所以想把這幾年來我所有的成功方法與關鍵寫在這本書上，幫助想要成功追求卓越的你，我想這是我回報這個社會最好的方法了。

　　你相信這個世界上有魔法嗎？當你渴望成功，看過《社群營銷的魔法》100次以上後，一定會給你滿滿的能量，透過不斷地學習與實操，你也能像得到魔法一般，改變你的人生！

陳威樺

目錄

PART 1　什麼是社群營銷？

PART 2　為什麼要學社群營銷？

Contents

PART 1
什麼是社群營銷？

1-1

營銷的演進

⚡ 政策影響趨勢，趨勢創造商機

2019 年底，爆發了一個新型冠狀病毒（COVID-19）。這個病毒的來源、傳播途徑跟擴散程度都是前所未知的，所以引起全球極大地恐慌。政府希望能儘快控制疫情，所以透過新聞媒體、社交平台告知民眾預防感染的方法。結果引起民眾的危機意識，沒事就待在家裡、足不出戶，久而久之，對許多企業的生存造成巨大的影響。這時，「線上課程」的趨勢浮上檯面，許多企業從線下的活動轉型成為線上的活動，例如以拍賣行起家的佳士得在 2020 年 4 月就推出一連串的線上藝術鑑賞課程，除了吸引全世界收藏家慕名而來之外，也順勢帶動拍賣業績的成長；許多網紅、直播主也都趁這一波趨勢，建立起他們事業的口碑、品牌。

「營銷」一詞，就是企業如何發現、創造和給予價值以滿足一定目標市場的需求，同時獲取利潤的專有名詞。20 世紀著名的營銷學大師傑羅姆・麥卡錫（E. Jerome McCarthy）對營銷所下的定義為：「營銷是指某一組織為滿足顧客需求而從事的一系列活動。」

事實上，社群營銷並不是從這個事件才開始的，行銷的觀念是隨著市場環境的變化而改變，以下容我來解釋：

營銷的重點最初是以商品的特色為核心，也就是比誰的商品效果好，誰就是贏家，所以當時的廣告強調的都是產品擁有的優勢，又稱為「行銷1.0」的時代。後來因為研發產品的種類越來越多，選擇變得多元，而品質又有齊頭式的進步之下，消費者開始注重產品體驗的感覺，也就是感性的訴求，於是就進入了「行銷2.0」的時代。到了「行銷3.0」的時代，企業推出新產品的時候還必須考量到價值性以及品牌精神，也就是儀式感，讓消費者有自我實現需求的滿足。

現在則進入了「行銷 4.0」的時代，實體世界和網路世界相結合（O2O），人們的生活離不開網路，產品與服務大多透過網路、社群的連結讓客戶產生參與感。

那麼「行銷5.0」將會是什麼樣的世界呢？這裡我也不好推斷，唯一可以確定的是，我們可以利用行銷的演進來發展我們的事業，掌握網路社群平台，等於掌握了自己的未來。

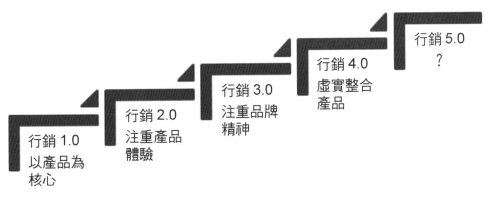

▲行銷的世代演進

至於網路上社群營銷的演進，我觀察到的是：一開始是單純地利用文字來做交流，後來發現有些內容光用文字描述是不夠的，所以添加了圖案

的元素在裡面，有在用 E-mail 的人都知道，E-mail 夾帶的廣告內容都會搭配一些圖案做輔佐，增加吸引力。後來因為科技的進步，人們開始製作動畫影片，動畫影片的優勢是除了畫面以外還可以表現出聲音、氣氛、能量等文字和圖案不能呈現出的效果，所以影片與動畫漸漸地被廣泛使用。

大數據時代的來臨，消費者的需求也跟著改變，有人認為，錄製好的影片並無法真正有效解決消費者的問題，因為每個人都有不同的狀況與需求，人們需要的是更客製化的解決方案，於是開始興起了一波直播互動的熱潮，也就是直播主向他們的消費者公布他們直播行程，在直播中介紹他們代言的產品或服務。一旦消費者有疑問的時候便能立即發問，直播主或相關工作人員可以當場立即協助並給予適當回應，這種互動的方式更讓消費者感到安心，而直播主也省下很多不必要的後續開銷。

文字　▶　圖案　▶　影片　▶　直播　▶　短影片

▲社群營銷工具的演進

有一個真實案例是這樣的，大陸有一位知名直播主馮提莫，以靠好歌喉賺得一票死忠粉絲，因為太有名了，最後甚至還獲邀上節目演唱。天生熱愛表演的她，求學時代就勤練才藝，2014 年，她在「鬥魚」直播平台中翻唱了幾首歌，獲得了粉絲的青睞，開啟了她的網路直播人生。

往後的幾年，她陸陸續續翻唱了許多歌手的歌曲皆獲得好評，例如蔡健雅的〈說到愛〉、王菲的〈你在終點等我〉」等等。2017 年，開始發行了她的個人專輯，她代言許多品牌，加上親民的互動，讓粉絲死忠追隨，還曾有粉絲打賞 160 萬人民幣支持馮提莫，該年她賺進至少 3,000 萬人民

幣。2018 年，她獲頒鬥魚年度盛典頒獎典禮的年度十大巔峰主播獎。2019年，她與知名視頻分享網站 Bilibili 彈幕網簽約，成為該頻道的主播。2020年，她的故事還在繼續⋯⋯

你可能會問，這個故事跟你有什麼關係？事實上關係可大了，你覺得她成功的關鍵是什麼？外型甜美嗎？唱歌好聽嗎？我覺得這些都不是最關鍵的因素，最關鍵的原因是她懂得善用網路平台互動。

類似的成功案例不勝枚舉，但是如果你不懂的掌握社群趨勢，這一切就都跟你沒關係。美國哈佛大學的前校長德里克・博克（Derek Bok）曾說過一句名言：「如果你認為教育的成本太高，試試看無知的代價！」（If you think education is expensive, try ignorance!）

截至 2020 年 4 月，中國微商從業人數已超過 4,000 萬人，並且每年以千萬級別的速度在增加，比我們台灣的總人口還要多，這代表什麼？代表現在從事網路生意的人數可能很快就超越做實體生意的人數，因為大家都知道，這種線上經營模式成本低、效率高、效果好、門檻低、易上手。如果你是經營兩岸市場的企業主，更應該去重視社群營銷的演進，因為你的潛在客戶就在你的競爭對手手裡！如果你不懂得掌握趨勢，那你的準客戶都會跑到你的競爭對手手裡，這樣不是很可惜嗎？

常有學員問我，5G 網路究竟給社會帶來了什麼改變？我認為是效率上的改變，就像我們現在已經習慣了 4G 網路帶來的效率與便利性，要再回去使用 3G 網路已經是不可能的事情了，即便你願意退而求其次，請問你的競爭對手願意嗎？他們不可能也沒必要陪你放慢腳步，對吧！

另一個改變是未來性，英國薩里大學 5G 創新研究中心的拉希姆教授在接受 BBC 的採訪中說：「如果你覺得 5G 意味著應用程序不再拖延，視

頻不卡，網路超負荷的不復存在，你可能是正確的，但是你只說對了一半。
5G 網路將是對無線電頻譜資源的一次巨大的重修和協調統一。未來，在
5G網路的支撐下，智能城市、遠程手術、無人駕駛汽車、區塊鏈與物聯網
等時髦概念將逐步成為現實。」所以學習是終身的事，一天不學習，你就
落後他人一步，持續不學習，你很快就會被市場給淘汰。

這也就是我想要分享「如何透過營銷導向創造價值，解決市場需求並
獲取其中利潤」的原因，我將在接下來的章節中，進一步說明對我們品牌
經營有幫助的營銷策略與資源。

▲影片傳送門

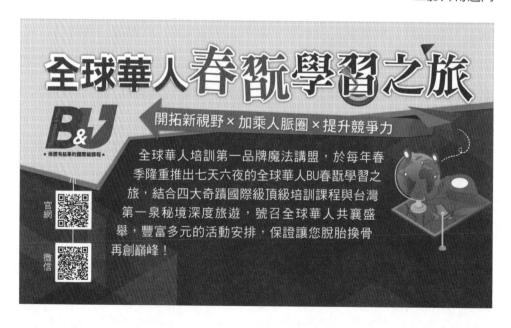

1-2

營銷的流程

很多人對透過社群營銷創造利潤充滿疑問，而市場上又有太多「一夕致富」、「自動賺錢」等廣告標語，混淆消費者的認知。其實社群營銷的成功並非天方夜譚，只要你了解箇中原理，你就有可能成為其中的受益者。成功有四到，即：知道、悟到、做到與得到。我們想要得到什麼樣的結果，首先我們就要知道做到這件事情的方法，但是知道之後還要悟到，你認同嗎？很多人知道要成功，要賺大錢，但是他們不知道為什麼一定要成功，為什麼一定要賺大錢，所以多年過去了，這些人還是沒成功，還是沒賺大錢，原因就是因為他們還沒有「悟到」！

知道　悟到　做到　得到

▲成功四到中，知道是最重要的起點！

我從小就有渴望成功的夢想，小學時作文課老師問我長大後要做什麼，我說我想要做一個成功的人，但是成功是什麼？成功代表什麼？當時的我並不知道，我只是覺得當一個成功的人感覺好像很酷！

長大後出社會了，我曾經到處去上課，求知求學，但我也沒有悟到一定會成功的方法跟理由，直到有一年我的父親退休了，他身體不適無法再工作，整個家庭經濟需要靠我撐起，我才悟到這件事情。

　　有學員問我渴望成功的原因是什麼，我總是這樣回答：「因為我的成功可以讓我的家人更安心，過上更好的生活。」所以知道不代表悟到，這是我在這本書唯一無法教你的，因為每個人都有他突破的時間點。

　　悟到之後就會想辦法去做到，也許做第一次不會成功，沒有關係，多做幾次就可以了。成功並非這麼單純，有時候你需要思考、反省，但不要就此放棄，億萬富翁成功之前平均都會失敗破產過至少三次，但是他們並沒有因此而放棄，他們相信自己做得到，所以又繼續嘗試，最後得到了成功的果實。

▲你眼中的成功與實際上的成功

　　我自己對於社群營銷的分析是這樣的，我認為誰的粉絲（客戶）多，誰創造財富的機會就高，全世界最有錢的人之所以最有錢，就是因為有最多的人支持他們的事業和服務，而這也是我們共同渴望的目標，那麼要如何追求這樣的結果呢？我分享一個流程，**首先第一步是分析你的潛在客戶，第二步了解客戶的行為模式，第三步設計一個吸引他們的方案，第四步設計多重銷售管道，最後一步是合作成交，並做好售後服務。**

⚡ 第一步：分析你的潛在客戶

第一個要分析消費市場，也就是分析你的潛在客戶，誰有可能購買你的商品？他們為什麼要購買你的產品？他們購買你的產品可以得到什麼樣的好處與結果？這些都是你要清楚了解的，當你知道這些情報時，你會發現這可以幫你省下很多的力氣，我們寧願花時間找到一個精準客戶，都好過花時間在 100 個無效客戶上。

許多企業老闆之所以無法生存的很大一個原因，是因為他們不知道自己的潛在客戶是誰，他們以為自己的產品全世界都會喜歡，每個人都會需要，事實上這是錯誤的認知！蘋果的產品再好也有人不喜歡，微軟的產品再怎麼更新改版還是有人用不習慣。每個老闆都必須明確地知道自己的潛在客戶，才能花更多心力做更正確的事情。

⚡ 第二步：了解客戶的行為模式

分析完潛在客戶之後，要去找他們的行為模式。在現實生活中，你可以去那些潛在客戶可能會去的地方，例如追求健康的人會去參加健康講座，追求財富的人可能會出現在一些投資講座，渴望人脈的人可能會在人脈交流平台等等，這也正是魔法講盟強調「以課導客」的重要性之所在。

比方說你是販賣幼兒教材的，你可以利用網路去搜尋一些社團，對親子教養有興趣的媽媽們多多少少都會加入一些育兒社團，你可以透過 FB 搜尋關鍵字「兒童教育」，然後加入一些主題跟兒童教育有關的社團，如果該社團都是廣告，那就比較無效，因為代表沒有專人管理；如果你找到

裡面有很多人互動留言的，那就恭喜你了，表示這個社團有很多人在關注，你可以加入他們的行列，然後互動加好友私訊，甚至進一步要求碰面等等，當然如果你們不方便碰面的，也可以在網路上進行更進一步的交易。

🔋 第三步：設計一個吸引人的方案

當你碰到了精準客戶，下一步要如何成交他們呢？不妨先思考一下，他們為什麼要購買你的產品？因為你的產品有優勢、能帶給他們好處？不不不，我前面有說過，97%的銷售關鍵都在信任感的建立上，你必須讓他們相信你是某個專業領域的專家，甚至權威才行，因為人們不喜歡跟外行人打交道！他們希望找到信得過的人，把財富交給他，透過交易得到想要的結果。

所以你要設計一個吸引人的方案，你可以針對對方的需求做設計，例如你可以這樣跟客戶說：「陳先生，我知道您希望透過網路把您的事業擴大，但是苦於不知道該如何開發客源，找到精準客戶，我這裡有一套解決方案，可以幫助您提升網路事業的競爭力，幫助您快速發展事業，這套方案是這樣的……」當你是真心站在客戶的立場去思考，很難不成交客戶，所以有效銷售的其中一個法則就是「站在對方的角度思考」，即所謂「換位思考法」。

🔋 第四步：設計多重銷售管道

得到了客戶的信任之後，你接著要設計多重銷售管道，為什麼呢？為

了要留住這個得來不易的客戶，讓他持續支持並幫你轉介紹新客戶，並吸取更多的「客戶終身價值」。

　　你知道嗎？很多企業之所以獲利衰退都是因為老客戶不再支持了。可能你跟他們的聯繫方式斷了，可能他們找到了更好的選擇，可能有其他諸多因素。但重點是，如果要持續不斷地吸引客戶重複消費，你必須設計多重的銷售管道，因為你不會知道哪一個銷售方式會得到哪一個客戶的喜愛，所以大企業的成功關鍵其中一點即是「因為他們有多重營銷管道」！

　　我不知道你有沒有遇過，打電話對方不接，只有發訊息對方才回的這種狀況，筆者是一個很不喜歡接陌生電話的人，因為打來有 99% 是要跟我推銷他們家的產品，所以我只接記錄在我手機通訊錄上的電話，那如果你遇到這樣的客戶怎麼辦呢？答案是，要有更多可以聯繫對方的管道。

　　有一家公司是這樣做的，他們是家老字號的公司，以前他們推廣活動的方法是透過傳真、郵寄等方式把他們的活動告知消費者。到了手機時代，他們改用簡訊、電話告知。到了網路時代，他們改用 Line、FB 的粉絲專頁與消費者接觸，確保客戶無所遁形，所以有時候我會同時接到好幾種不同管道的訊息，但是內容都是一樣的。這是正確的作法，企業為了某個重要的活動，宣傳、宣傳、再宣傳，以確保他們想要的最終結果。

⚡ 第五步：合作成交

　　我之所以寫合作成交而不是單單寫成交的用意是：很多人在銷售的時候只想到把這個產品賣出去，卻不去思考消費者購買完的後續問題，以及使用後帶來的效果。消費者懂得如何使用這個產品嗎？使用的過程中有沒

有遇到什麼問題呢？使用完之後的效果如何？後續會不會再繼續購買？但有些銷售人員不會顧慮這些，他們只想著趕快完成當下這筆生意，然後從此不再往來。這樣非常沒有職業道德，甚至沒效率，但我發現，在我長年的業務生涯裡面，我卻不只一次看到這個狀況的發生！

所以，我這裡強調「合作成交」而非單只是「成交」的用意是，我希望對方是能持續支持我們的老客戶，**一個企業要做大做穩，20%靠的是新客戶，80%靠的是老客戶的重複支持與轉介紹。**

在我多年的學習過程中，我也幫助過很多學員完成最終「合作成交」這個夢想，我整理了「10個社群營銷成功的關鍵」，分別是：

1. 規劃你的營銷藍圖
2. 找到一個好教練
3. 掌握趨勢
4. 學會借力使力
5. 擴大社群人脈
6. 了解社群需求
7. 設計讓人無法抗拒的魔法文案
8. 打造一個營銷團隊
9. 成立一個線上營銷系統
10. 複製下一批營銷教練

上面提供的這5個步驟可以幫助你把社群營銷做得又大又穩，為什麼這麼說呢？很簡單，系統要越簡易才越好複製，如果是太難的系統，也許有人可以靠它成功，但是很難做大。所以營銷系統要很簡易單純，且流程

要標準化。每個人如果都能 100%執行，一定可以從中得到我們想要的結果。

| 分析你的潛在客戶 | 了解客戶行為模式 | 設計一個吸引人的方案 | 設計多重銷售管道 | 合作成交 |

▲社群營銷流程圖

1-3

社群營銷懶人包

　　大家都知道從事社群營銷需要很多的素材、資料，這幾年來我透過這些平台得到了很多的資源與協助，因此在此想要分享給更多人知道，讓更多人也得到最大的幫助，我在每個資訊名稱下方都附上 QR code 方便連結，趕快掃碼試試看吧！

免費圖庫網站

名稱：pixabay	名稱：ImageFree
名稱：Dreamstime	名稱：IM Free

基本上，光是其中一個網站的素材就夠我用好幾年了，但是為了滿足廣大消費者的需求，我還是又找了其他更多的資源給你們。

除了視覺優化的素材之外，我再分享一些聽覺上的素材，也就是音樂類的，如果你要設計一些影片，需要背景音樂，相信這些資源可以幫上你的忙。

免費音樂網站

名稱：Musopen	名稱：Jamendo

名稱：incompetech	名稱：audionautix
名稱：Freesound	名稱：Bensound
名稱：pacdv	名稱：Kompoz
名稱：findsound	名稱：SoundCloud

除了圖片、音樂，當然還少不了動畫囉，我蒐集 4 個免費的影片素材網址，讓你們有更多元化的社群發展空間！

免費的影片素材

名稱：PEXELS Videos	名稱：Mazwai

名稱：Videvo	名稱：Mixkit

另外我想分享一些社群營銷常用的短網址網站，為什麼要使用短網址呢？因為你給對方的網址如果是冗長而雜亂的網址，有些人不願意點進去，他們會覺得那可能是惡意程式，點進去可能會中毒之類的，所以我們需要短網址的優化，讓對方覺得這是乾淨的網站。

長網址與短網址其實各有優缺點，長網址因為內含網址相關資訊以及一些看似亂碼的編號，所以經常顯得冗長又雜亂，一旦需要手動輸入的時候，一不小心就容易輸入錯誤，然而優點就是可以讓人看到該網址英文名稱或相關資訊；另一方面，短網址就真的是以快速、便利為訴求了，當你的廣告文宣等預留空間不大時，短網址確實不失為一個節省空間的好辦法！

以前受到大家好評的是 Google 短網址，因為 Google 是大公司，而且它會有一些點擊的統計數據可參考，但在 2018 年 Google 停止了這項服務，取而代之的就是以下這些公司了：

短網址生成網站

名稱：Reurl.cc	名稱：PicSee 皮克看見

名稱：TinyURL	名稱：PPT.cc
名稱：bit.ly	名稱：Supr.link（需註冊）
名稱：Lihi.io	

　　提供這麼多的短網址連結，絕對可以滿足你們對短網址的需求。有時候我會遇到一個狀況，就是不知道為什麼，想要縮短的網址某個網站無法轉化，那就換另一個網站再試試看吧，這麼多的網站讓你們去使用，絕對不會有轉化不了的問題！

　　再來是關於雲端硬碟的部分，我們有時候會需要把資料傳給遠方的人，可能雙方根本不在同一個城市，這時候就會需要用到雲端硬碟。我們把資料上傳到雲端，對方再從雲端下載就好了，非常方便，以下推薦幾個我常用的雲端硬碟。

🔋 免費雲端硬碟

名稱：Google 雲端硬碟 容量：免費 15G	名稱：iDrive 容量：免費 5G
名稱：MEGA 容量：免費 50G	名稱：iCloud 容量：免費 5G
名稱：Dropbox 容量：免費 2G	

　　我自己最常用的是Google雲端硬碟，因為它比較方便，也較少聽到對方無法下載或版本不相容的問題，但是每個平台都有每個平台的特色，大家用的習慣上手就好。

好用的大陸平台資源

　　再來是我常使用的大陸資源平台，事實上，大陸平台的資源很多都是台灣找不到的，我之所以知道某些學員不知道的資訊，都是因為我平常就有這些管道，現在我就分享給大家一起受惠：

🛜 道客巴巴

道客巴巴是大陸知名的一個在線文檔分享平台，於 2008 年成立，目前已經有超過 10 億以上的文檔，內容涵蓋行業研究資料、教學課件、學術論文、應用文書、考試資料、企業文案等幾十個領域，所以想要了解大陸的文化或時事，可以透過這個平台了解。

🛜 天涯社區

天涯社區是中國大陸一個網路社區，提供論壇、博客、相冊、影音、站內消息、虛擬交易等多種服務。作者在 2015 年經營大陸市場的時候常常在這邊發表文章，吸引許多大陸用戶的注意，進而轉化成為合作夥伴。

值得一提的是，這個平台有一個習慣，他們常用 E-mail 去接收訊息，所以只要你認真爬文，你會發現有很多人留下他們的聯繫方式（E-mail），這也正是我們的機會。我們可以蒐集這些 E-mail，然後發訊息給他們，推廣我們的事業或合作提案，如果對方有回覆，我們就有機會進一步要求他們留下微信或 QQ 等其他聯繫方式，然後詳談合作事宜。

🛜 運營人──從零開始學運營

運營人是一個讓人分享專業資訊的交流平台，許多最新的資源都可以透過這個網站找到，例如抖音平台的經營、大陸最新的趨勢等等，如果你分享的內容夠優質，受到他們的青睞，他們也有可能幫你做推薦曝光，讓更多的用戶認識你。

百度文庫

百度文庫是在 2009 年成立，這是一個提供網友在線分享文檔的平台，裡面的文檔包括教學資料、考試題庫、專業資料、公文寫作、法律文件、文學小說等多個領域的資料，許多商業資訊，特別是很珍貴的資訊，都可以在這邊找到。而且你也可以在這邊上傳你的專業知識，只要通過審核，就能出現在百度文庫的平台上，還可以獲得他們的積分，更棒的是還能夠設定收費機制，別人想要觀看或下載你的文章都需要付費才行！

小豬導航

小豬導航是一家專注於行動網路產品研發和運營的公司，它成立於 2013 年，雖然也提供了很多其他的服務，可是對我們來說最實用的應該是「可以曝光我們的品牌」。它有一個平台可以讓我們放微信號和微信群，如果你要經營 QQ 的話也可以，它也有提供這方面的資源。2016 年我在經營大陸微商市場的時候，就常常利用這個平台引流一些大陸的客戶。

另外還有一個功能就是線上微課的上傳，也就是你可以分享你的課程檔案到平台上，只要有曝光就有機會，內容優質的話也會吸引到不少客戶唷！

豬八戒網

豬八戒網是一個人才共享平台，創立於 2006 年，許多我們從事商業行為需要的資源這邊都有，它幫人才與雇主搭建起橋樑，通過線上線下資源整合與大數據服務，實現人才與

雇主精準的無縫接軌。

所以只要你有一些關於專業性的問題，例如需要製作 Logo、知識產權、工商財稅、科技IT、軟體服務、營銷推廣等等，幾乎所有的問題都可以在這邊找到答案與協助。

📶 微信公眾平台

微信公眾平台是騰訊推出的一個服務，它分服務號與訂閱號兩種，服務號通常是公司或組織申請宣傳企業形象用的，而訂閱號則是個人用來建立關係的，一般都統稱為公眾號。想像一下，當你微信的好友破千人的時候，你如何把每一次的商業訊息確實地傳達給每一個人？利用廣播助手嗎？但使用過多有可能會有被禁言的風險，所以較安全的作法就是設定一個公眾號，它的用意就像是台灣版的 Line@，可以一次大量發送訊息給所有的關注者。

📶 96 微信編輯器

96 微信編輯器是針對微信公眾號設計的，如果有在經營微信公眾號的人，就會需要這個編輯器，這裡提供了許多素材，如模板、動畫、PPT模板、Gif動態等，讓用戶可以設計出自己想要的文宣，吸引消費者，而且它還有培訓課程，可以手把手地帶領你一步一步美化、優化你的公眾號內容。

📶 網易郵箱

網易是中國領先的網路技術公司，創立於 1997 年，是中國最大的電子郵件服務商，本身擁有自營的電商品牌，旗下

還有音樂平台、教育平台與資訊傳媒平台，在中國擁有超過 10 億的用戶。

為什麼要介紹這個平台，因為大陸用戶大多喜歡用 E-mail 往來，E-mail 是有法律效力的，除了歷史最悠久、也是範圍最廣的一個交流模式，知名的微信、Line、Facebook 等媒介，歷史都沒有 E-mail 悠久，範圍也沒有 E-mail 廣泛，事實上，作者現在還是保有天天收發 E-mail 的習慣，因為有很多商業上的往來，公司行號都會透過 E-mail 告知。

📶 千聊直播

千聊直播是由騰訊所創立，是大陸知名的在線知識型社區。各領域精英每天透過千聊直播分享自己的專業知識和實務經驗。千聊直播與其他的平台最主要的差別在於它可以把 微信講課的內容完整保存，讓更多的聽眾完整地學習到商業知識。

現在千聊還多了個線上客戶的功能，它們有一個專屬的微信教學群，如果新用戶對於千聊的操作不熟，可以進去它們的群組裡面發問，也可以觀看其他用戶遇到的問題以及適當的解決方案，它們甚至會協助你如何透過千聊平台做出不少生意。

📶 易博通 eSender

沒有網址連結，需從微信公眾號搜尋。一般來說，我們在使用大陸的金融機構或網購的服務時，都需要註冊一組中國行動電話號碼，用於收取驗證碼短信以完成相關交易，但是我們未必每個人都擁有中國的行動電話號碼，這時候只要透過微信裡面的「易博通 eSender」公眾號就能申請一組中國行動電話號碼，無需額外更換電話卡，便可收到中國境內網站或服務要求的驗證碼。登記及使用方法都非常簡易，費用更加超值。

🔋 免費線上視訊平台

接著我要分享一些線上的免費視訊平台,這些視訊平台是幫助各位在網路開會用的,很多時候我們要做 1 小時以上的線上說明會,就可以利用以下平台來發揮。

📶 Zoom

Zoom 是我最常用的線上視訊平台,而且操作簡單,當對方要加入我發起的「Zoom」會議室時,只要像是打電話一樣,輸入會議室號碼,就能加入線上會議,它也提供了 40 分鐘免費使用的權限。

📶 TeamViewer

個人使用 TeamViewer 是免費的,除了可以進行最基本的視訊會議之外,它的「遠端控制」功能則較其他視訊平台更為成熟,這也是我推薦它的原因之一。

以前我在幫學員設定電腦行銷軟體的時候,因為有些人不懂如何設定程式,講一些太專業的名詞又沒辦法讓他們明白我想要表達的意思,很是困擾。後來請他們下載這套軟體,我直接幫他們操作,他們也可以在電腦螢幕面前學習,效率提高了許多,所以我真的大推這套軟體!

📶 Google Meet

Google 原先推出的視訊功能 Hangouts,現已更名為Google Meet,只要有 Google 的帳號就能申請免費版,無論是 iOS 或安卓都有 App 可以下載,只要開啟頁面就能進行視

訊會議，工作上也都能直接與 Google 的 Drive、Gmail 等應用程式做整合，非常方便。

🛜 Skype

Skype 因為是與微軟合作，所以許多企業行號都在使用 Skype，甚至之後還推出了企業版的 Skype for Business，它有完整的微軟 Office 文書處理系統的支援，會議中能夠共同編輯文件、藉由 Outlook 排程會議，以及預先上傳 PowerPoint 等，也是相當方便。

🛜 GoToMeeting

新用戶使用 GoToMeeting 有 14 天免費的試用期，它最多可容許 100 人在線，而且它也擁有分享螢幕、白板功能、分享控制權的功能，也是許多企業主愛用的品牌之一。

　　以上都是陪伴我多年的社群營銷資源，實際上也幫助我創造了許多生意，我相信這些資源一定也能幫上你。

社群營銷常犯的七個誤區

我經營社群營銷這些年來，觀察到很多人的經營模式其實是不恰當的，想跟各位分享一些我常常看到的 NG 行為，並整理出 7 個社群營銷中常犯的錯誤，想藉此提醒各位讀者，有一些方法不但不會對你的事業有所幫助，還有可能傷害到你的商譽（Goodwill）！而本節就是帶大家了解為什麼這些行為是 NG 的，避免重蹈覆轍，同時也會對你的事業發展有莫大的幫助。

誤區一：一接觸就談產品

這是我最常看到的一個錯誤，很多人在認識交流沒幾句就開始推銷他們家的產品，這是非常令人反感的行為。誠如我前面所說，市場上產品有百百種，現在這個時代的消費者不缺產品，他們想要的其實是一個解決方案，如果你分享的產品（方案）不能解決對方的問題，甚至不是對方想要的，只會造成對方的厭煩。所以我們營銷人員應該想方設法了解客戶真正的需求，然後再提供適合對方的解決方案才是上策啊！

下頁兩張截圖是我最近收到的 Line 訊息，其他可能是汽車廣告、健康廣告等，我想很多人應該跟我一樣，常常收到這種廣告訊息吧！事實上，

我們不見得不需要這樣的提案，但是人與人的交易是建立在信任感之上的，成交的關鍵 97%在於信任感的建立，剩下的 3%才是成交需求，但是許多人都本末倒置，這樣的交易毫無信任感可言，就算消費者有興趣，也不會跟你購買，最後造成原本可能成交的生意就這樣結束了，可惜啊！

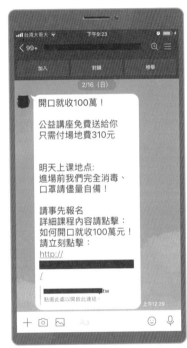

▲NG1 一接觸就談產品

香港首富李嘉誠先生說過：「先做人再做事，最後再做生意。」為什麼很多生意都是靠飯局談成的？因為聚餐可以好好看清一個人，也可以確認這個人是不是值得深交，能不能合作。如果能成為長期的合作夥伴，讓對方幫我們源源不絕地介紹生意機會，又何必急於現在就要成交呢？

47

誤區二：不重視品牌形象

很多人以為品牌的形象不重要，隨意就好。事實上，這是非常大的錯誤思維，無論是 Line、Facebook 或是其他任何平台，企業主都應該花一點心思設計自己的形象，要記得網友還沒見到你的面之前，你的網路形象就是他的第一印象，我們應該針對以下幾個地方下功夫：

1. 大頭貼：就如每個企業都有一個商標（Logo），每個人都應該要有一個代表形象。

2. 封面：封面可以介紹你的事業，讓人一眼就明白你目前從事的事業與亮點是什麼。

3. 動態：常常更新動態可以讓人知道你的最新訊息。

4. 群組名稱：群組也是一個品牌的形象，設計吸引人的名稱可以有效集粉。

5. 群組主題：群組內分享的主題可以讓客戶知道你的專業程度並建立信任感。

誤區三：客戶名單沒有有效管理

我常常聽到學員跟我說：「我有 5,000 個好友，50 個以上的群組，但是我都沒有賺到錢，做不到生意呀！」有名單是一件好事，但是你要進一步地去過濾成為「精準名單」。所謂精準名單就是對方是真正對你的事業或產品有興趣的人，甚至已經有購買行為的，這種才是有效名單，否則你要那麼多名單群組的意義在哪裡呢？他們不過是占據你手機記憶體的一些

無用數據罷了！

⚡ 誤區四：以為營銷等於廣告

這是很多不擅長經營社群營銷的人通常會犯的一個錯誤，往往一看到群組就加入，然後開始猛發自家的廣告，但是通常這樣的舉動一出現，馬上就會被群主趕出去。我個人比較建議的流程是：進群前三天先不要發廣告，以互動建立信任感為優先；發廣告前最好先徵求群主的同意，比較不會引起他人的反感。

▲NG4 認為營銷就是打廣告

🔋 誤區五：不懂如何經營社群

好的社群需要共同維護，你想想，如果社群都沒有人維護，每天都是各式各樣的廣告，你覺得還會有人持續追蹤關注嗎？長期發展下去，你就失去了你在社群裡面的權威性以及影響力了。就像每天家裡都要打掃、洗衣服一樣，你要常常維護群組裡的品質跟秩序，這樣才能讓真正優質的客戶持續追蹤你，而不只是那些廣告。

🔋 誤區六：不懂得定期汰舊換新群組

群組是活的，不管是什麼樣的群組終有壽終正寢的一天，可是一般人以為建立一個群組就可以長期使用，其實這是錯誤的想法。我在 2015 年經營大陸微信市場的時候，平均一個禮拜就會汰舊換新群組，為什麼呢？因為真的有興趣購買的客戶都購買了，沒有購買的客戶也會繼續追蹤我們的最新動態。但是有一種類型的客戶，他們既對你的產品、事業沒興趣，也不願意離開群組，因為他們另有所圖，他們可能在盤算你群組裡面的人脈名單，或者是想找機會推廣他們自己的事業。這種人累積多了，真正對我們事業發展有幫助的人反而進不來，所以要養成汰舊換新的習慣，每隔一段時間就要更換群組。我的經驗是每三個月就要建立新的群組，而且要換一個全新的主題，這樣對客戶來說才比較有新鮮感。不然新的群組建立好了，舊客戶也不見得會繼續進群追蹤。

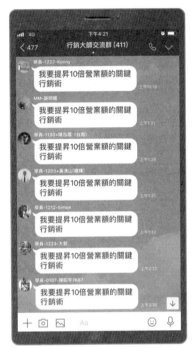

▲懂得汰舊換新，才能招來更多新血

⚡ 誤區七：以為花俏的營銷才能吸引人

這也是很多人都會誤解的一點，以為好的營銷活動就是要把產品定位地十分花俏，才能讓人覺得新鮮有創意。常有學員問我，如何塑造自己家的產品，事實上，塑造包裝的效果是有限的，身為企業家，我們該思考的是如何設計活動內容，好東西一定會有人買，只要你的活動內容夠豐富，自然可以吸引到人。

如何透過網路在 24 小時
賺到 10 萬美金

　　我想再跟各位分享一個故事，來跟各位強調學習社群營銷的重要性，這是一個真實的案例，在我過往的學習過程中，有一位啟蒙導師，他就是世界級的理財大師羅伯特・G・艾倫，我為什麼提到他？因為早在西元 2000 年的時候，那時候全世界大部分的人都還不相信網路可以賺到錢，他卻已經成功做到這件事情了，而且賺到的還不是一筆小數目，而是快 10 萬美金。是的，你沒看錯，然而最令人好奇的是，他是在多久的時間內做到這件事呢？答案是不到 24 小時！

　　不要說是當時，就連現在，也有很多人質疑這件事情的真實性。有人說這是騙人的，有人說這過時了，眾說紛紜，但是我告訴各位，這是真實的故事。我會在接下來的分享中，告訴你他是怎麼做到的，我希望你也學會他的方法。

　　我知道也許你不太了解這號人物，我簡單介紹一下：羅伯特・G・艾倫是一位著名的暢銷書作者及優秀的企業家。他的

▲ 與理財大師羅伯特・G・艾倫
在桃園機場的合影

第一本書《零首付》（*Nothing Down*）是史上銷售量最高的房地產投資

書，銷量超過一百二十多萬冊。第二本書《創造財富》（*Creating Wealth*）也是《紐約時報》排行榜第一名的暢銷書，銷售量也超過百萬冊。之後他又寫了《多元化收入流》（*Multiple Streams of Income*）、《多元化網路收入》（*Multiple Streams of Internet Income*）等，都創下了不可思議的成績，《紐約時報》排行榜中，長期都可以看到他的名字與作品。之後他還與另一名暢銷書作家《心靈雞湯》的作者馬克・韓森一起寫了一本最新著作《一分鐘億萬富翁》（*The one minute millionaire: the enlightened way to wealth*），甫上市即獲得全美暢銷書排行榜冠軍。

　　艾倫的成就不只如此，他最大的成就是在於幫助別人實現財富自由的夢想！他利用非常多的管道，包含開設培訓課程、到世界各地巡迴演說、透過紙本書、電子書，以及有聲書籍的出版等，幫助過的學員不計其數。而《多元化收入流》是艾倫老師創造的一套成功致富系統，這本書的目的是將艾倫他多年累積的成功經驗與更多的人分享，進而幫助更多的人實現經濟獨立和財務自由。

　　每個人的成功都是有跡可循的，艾倫老師也是。艾倫老師在課程中提到：「我是一九七四年畢業的畢業生，我一開始也是只想追求財務安定而已！」他原本的打算是，大學畢業後找個安定的工作，一步一腳印地升遷、加薪，直到退休。然而讓他決定創業的關鍵因素，跟我們大多數人也很相似，那就是，當時他也遇到了經濟不景氣的時期。

　　「我把履歷寄給數十家大公司，卻一連收到多封拒絕信，這實在太令人難以接受了，我不敢相信這是真的……」艾倫從小在一個小鎮中成長，他以為只要找到一份穩定的工作，就是一個完美的人生。所以當他念完楊百翰大學（Brigham Young University）商學院後，一心以為進入大企業工

作是穩操勝算，卻沒想到求職之路四處碰壁。一般來說，年輕人面臨這種情況可能會大受打擊，艾倫卻不然，他因此更加奮發圖強，他在心中默默告訴自己：「我以後一定會賺得比你們都多，讓你們後悔當初沒錄取我！」、「我不甘心，總有一天，我一定會賺很多很多的錢，我會賺到就算你們幾十家企業的老闆的總收入加起來都比不上我！」

渴望成功的艾倫開始去思考，到底什麼稱得上是成功呢？成功的定義是什麼？怎麼做才能成功呢？當時他到處去打聽，誰是非常成功的人物，他想知道成功的方法。於是他打聽到了鎮上有一位身價超過百萬美元的成功人士，艾倫立刻想辦法登門拜訪，並且自我介紹。他希望向這位成功人士學習所有可能成功的方法，也許是這位老闆感受到艾倫的企圖心與熱情，便答應了他的要求。在這位老闆的指導下，艾倫開始接觸房地產。有一次，因緣際會之下，他遇到了一位急著求售房子的屋主，他看準對方急著想要賣掉房子的心情，告訴對方：「我只能先給你一千美元的頭期款，但是我承諾會幫你賣出一個好價格。」雙方相談甚歡，對方最後答應艾倫開出的條件。

買下這棟房子之後，艾倫才發現，原來還有另一位買家也看上這棟房子，只是運氣不好，被他這個年輕人捷足先登搶走了。這位買家找上了艾倫，最終他成功地以四倍價格把這棟房子轉手賣出，手上的錢當然足夠讓他一口氣還掉積欠的貸款。

這是艾倫第一個成功的案例，他是這樣認為的：「第一個，也許這是一個含有運氣的案例，但更重要的是，如果不是求職連續被拒絕的影響，我也不會走上房地產這條路；如果不是我有強烈的成功欲望，我不會堅持等到這個機會。」所以艾倫老師認為，只要你有足夠的企圖心，總能遇到

讓你成功的機會。

　　沒有資源時，有錢人會這樣想：「其實到處都是機會，只是你必須下定決心找出它們！」、「一週翻四倍，我立刻發現我喜歡房地產！」從那一刻開始，艾倫專注在房地產的領域發展，並在 32 歲出了他第一本書《零首付》。

24 小時內透過網路創造近 10 萬美金營收

　　這個故事是這樣的，房地產投資經驗豐富的的美國投資大師羅伯特‧G‧艾倫，於 1990 年代後期開始將重心轉去研究網路創富，經過多年的學習，他的網路首戰就打得非常漂亮。

　　2000 年，某知名商業廣告製作人找上艾倫，打算製作一期關於網路行銷的電視節目，為了增加收視率，艾倫提出一個不可思議的想法，他說只要給他一台連上網路的電腦，在 24 小時之內，就能賺進 24,000 美金。這話一出，現場工作人員全都非常震驚，他遭層層勸阻，因為 24,000 美元不是一筆小數目，但是艾倫堅信他可以辦到！

　　2000 年 5 月 24 日，在加州的現場直播室裡，艾倫從中午 12 點過後開始，向客戶發起「網路銷售攻勢」。幾分鐘之後，第一個訂單到達了 2 千多美元，6 小時之後，成交金額達到 4 萬 6 千美元。結果不出艾倫預料，24 小時之後，他成功收到 9 萬 4 千美元的訂單，遠遠超過了原先預計的「目標」，現場無不歡聲雷動！

　　即使是現在上網搜尋這個故事，仍會找到數不清的資料，但那大多數

是模糊的，我想從專業的角度，跟你分析這個個案之所以能夠達成的原因。

第一，首先你要了解人性，當你去問任何做生意的人為什麼他們要去做生意，大多數人都會告訴你，他們想要賺錢，如果你再問更深一層，賺到錢後要做什麼？他們可能會回答你，想要人生自由，想要在任何時間，任何地點和自己喜歡的人做自己喜歡做的事情而不需要擔心錢的問題！

再來你要懂一點行銷策略，永恆的行銷定律同樣適用於網路，行銷大師傑・亞伯拉罕曾經給出這樣一個定理，任何一個企業想要增加業績，只能從以下三點著手：

1. 增加你的客戶消費人數
2. 增加你的客戶消費金額
3. 增加你的客戶消費次數

如果你能夠善用這個定律，你的生意就一定能夠做大，無論是否利用網路。

羅伯特・G・艾倫是一位房地產專家，他研究房地產已經有 10 多年的經驗，所以累積了許多客戶跟他交流甚至成交過，他還有 11,500 多位準客戶，他在 5 月 24 日節目錄製前就先寫了幾封 E-mail 給他的這些客戶，告訴他們，為了當天的這場公開活動，他將以平常不可能提供的優惠跟方案來服務他們，如果對方願意立刻購買的話，就可以享有平常享受不到優惠方案。

看起來有沒有很熟悉？這個操作就跟百貨公司舉辦週年慶是一樣的，一些你平常很中意但價格不算便宜的商品，到了週年慶時，是不是就特別

優惠呢？同樣的道理，艾倫老師在節目錄製之前，事先寫了 E-mail 告訴他的客戶，他將在特定某一天給他們一個不可思議的優惠方案，如果你是他的學員，是不是就心動上鉤了呢？這也是為什麼他能發下豪語，打包票說他能在一天之內賺到 24,000 美金的原因，因為他早就布好局了！

不知道讀完這個故事你有得到什麼啟發？我接下來會分享更多更細緻的社群營銷心法，甚至在書的後面進一步分析羅伯特·G·艾倫的營銷策略，希望幫助你更進一步提升經營社群的能力。

PART 2

為什麼要學社群營銷？

學習社群營銷的好處

　　我再重新提醒一下，學習社群營銷的重要性與好處。網路時代已經到來，如果你還在用傳統的方法經營事業的話，你會錯失很多生意機會，因為傳統的開發方式，你一天可以拜訪 3 到 5 個客戶，差不多就是極限了。可是我們透過社群開發客戶，一天可以開發 100 個以上的準客戶，這是效率的差別，傑·亞伯拉罕告訴我們：「量大是致富的關鍵！」你的曝光量大，就會有更多的生意機會；你的社群影響力大，就會有越多的客戶主動上門找你。

　　下頁是我過去經營的社群的一部分截圖，在這裡跟大家簡單說明一下整個運作流程。流程是這樣的：首先我會建立一個全新的社群，並且設計一個吸引人的群組名稱跟圖案。然後邀請網路上的朋友們進群，接著詢問群內朋友一些問題，以便蒐集一些數據。例如，我會這麼問：「請問你們對於利用 FB 快速蒐集精準客戶的方法有興趣嗎？如果有的話，請幫我回覆關鍵字『我想要快速透過Facebook獲取精準名單』。」這樣做有兩個好處，第一是我可以了解到大多數人對於學習的需求與興趣在哪裡，很多時候我們以為某個想法是大眾所需要的，可是事實上並非如此，你們有沒有遇過這樣的狀況呢？第二個好處是我可以利用他們的留言幫我做曝光，因為當很多人都在留言的時候，就會吸引還搞不清楚狀況的人的注意力，那

些人看到前面的人都在留言，就會想要跟進，這就是群聚效應的威力。

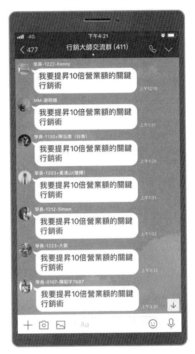

▲我經營的 Line 群組

這裡有一個真實的案例，可口可樂經過嚴密的市場調查後，在 1985 年推出新配方的可樂，深信能挽救衰頹的銷售量，再次引領風騷。然而消費者對新產品的支持度不如預期，兩個月後，可口可樂公司每天接到 8 千通投訴電話和 4 萬封投訴信件，這些反彈導致銷量驟減和品牌形象受損，新可口可樂因而「腰斬」，經典可口可樂再度回歸市場。

「可口可樂」的出現是一場美麗的意外。1886 年，美國一位藥劑師約翰‧潘伯頓（Dr. John S. Pemberton）挑選了幾種特別的成分，調配出一款好喝的咳嗽糖漿，並拿到附近的傑柯藥局（Jacobs' Pharmacy）販售，後來還加入碳酸汽水，清涼、暢快的「可口可樂」於焉誕生，在美國寫下傳奇

的一頁。

今日，可口可樂公司仍是全世界最大的飲料公司，擁有最大的銷售網路，可口可樂公司的產品行銷超過兩百個國家，平均每天售出超過 19 億瓶的飲料。看到這裡你可能會想，這麼經驗豐富的百年企業，怎麼也會犯下如此重大的錯誤？事實上，只要沒有做好市場調查研究，類似的事件就會層出不窮！

另一個案例是這樣的，台北市政府為推廣民眾多多利用更環保、對環境更友善的自行車當作接駁交通工具，推動相關計畫，藉由在市區內劃設自行車道、設立便捷的自行車租賃站，鼓勵台北市民使用低汙染、低耗能的公共自行車取代汽、機車，進行短途間的移動，以期改善市內交通堵塞、環境汙染及能源損耗等多重目的。

為了提升都市生活水準、響應節能減碳風潮，台北市政府與腳踏車大廠捷安特合作，於是現在隨處可見的「YouBike 微笑單車」就這樣融入台北市民的生活中了。後續各地方政府也陸續跟進，高雄市也有自己的共享單車系統 City Bike。

我在第一章第一節有提過「政策影響趨勢，趨勢創造商機」。有一家業者看準了自行車的發展商機，自創了一個品牌 Obike，強調比 Youbike 更為方便，因為他們沒有像 Youbike 一樣有固定的停放車格，當消費者想終止租車服務時，只要就近找停車空位停放即可，然後就結束服務。

原本這是一項業者提供的美意，沒想到卻造成了許多的社會問題，正是因為沒有固定的停車據點，Obike 漸漸引起民怨，很多人貪圖方便，當臨時找不到合適地點停車時，便隨意放置、丟棄於路邊，儼然成了大型路障。

　　尤有甚者，跟機車族搶占停車格、霸占汽車停車位、隨意臨停於騎樓等狀況屢見不鮮。在鄉下或漁港海濱，腳踏車被任意丟在農田或消波塊間更是時有所聞。再者，Obike上市一段時間後，因缺乏定期的維護與整理，車況越來越差，形同大型垃圾的印象開始深植人心，成了壓垮OBike的最後一根稻草。

　　民眾依法檢舉，政府也相繼開出了多張違停罰單，但始終不能有效遏止Obike所引發的亂象，甚至在新北市還欠下高達517萬拖吊與保管費用，業者卻是不聞不問，消極以對。

▲任何產品新上市前都要做足市場調研，
才能精準取得消費者的真正需求

　　可口可樂與Obike這兩個例子之所以失敗，正是因為業者對於市場的掌握度不夠所造成的，常常有學員問我：「威樺老師，我的產品明明很好，為什麼就是賣不出去？」我通常會先問對方賣的是什麼產品，這時候學員大多就會開始滔滔不絕地介紹起自家產品，講完之後我就會跟他說：「難怪你賣不出去！」學員心裡就會產生疑問，問我為什麼這麼說，我的

回答是：「因為我不需要！」

為什麼許多人經營社群行銷會失敗？大多數人都是因為沒有在用心經營社群，都「只想著銷售」。每天只知道狂發廣告，拼命宣傳自家公司的項目，妄想每個人都一定會喜歡自己的產品、跟自己成交。但是現在是資訊爆炸的時代，很少人喜歡聽冗長的介紹，那些硬性的廣告已經無法打動他們。每天濫發廣告的下場就是：學員直接退群，不然就是反過來——也開始發他們自家的廣告。

新絲路視頻是魔法講盟旗下提供全球華人跨時間、跨地域的知識服務平台，讓您在短短 40 分鐘內看到最優質、充滿知性與理性的內容（知識膠囊），偷學大師的成功真經，搞懂 KOL 的不敗祕訣，開闊新視野、拓展新思路、汲取新知識，逾千種精彩視頻終身免費對全球華語使用者開放。

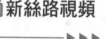

2-2

Facebook 的社群營銷

臉書（Facebook）是台灣最大的社群平台之一，它是由馬克·祖克柏（Mark Zuckerberg）與其團隊在 2004 年創立的，我初次使用是在 2009 年，那個時候我還在念大學，當時因為我大學的學長在玩 FB 裡面的一個遊戲，叫做開心農場（Happy Farm），他說他需要更多帳號來幫他經營，所以要我註冊一個 FB 帳號，從此我開始了我的社群營銷生涯。

後來我透過 FB 找到許多我失聯多年的朋友，甚至相約吃飯。大學畢業後，我跟學長因為人生道路不同而分道揚鑣，而我持續使用 FB。2012 年的某一天，我看到網路上的一個廣告，標榜著可以透過網路賺大錢，因為這個契機，我開始踏上學習網路行銷（社群營銷）之旅。

我想每一個人的成功都是付出了相當的努力，工科背景出身的我，在學習網路行銷的前幾年，幾乎沒有賺到任何一毛錢。因為我沒有任何商業基礎，只好不斷地上課、買產品、買行銷工具，像顆海綿不斷地吸取水分。我看到在台上講課老師們不是成功就是有名，各個名利雙收，我便告訴自己，總有一天我會變得跟他們一樣，我一定要好好認真學習！

2017 年的某天，我又在網路上看到一則廣告，這個廣告深深地吸引了我，它是這樣寫的：「世界行銷大師傑·亞伯拉罕即將來台，教你如何獲得其中驚人的利潤！」

傑‧亞伯拉罕（Jay Abraham）是我多年來學習社群營銷中一直聽到的傳奇人物，許多名人，包含世界第一潛能激發大師安東尼‧羅賓（Anthony Robbins）、《有錢人想的跟你不一樣》作者哈福‧艾克（T. Harv Eker）、《心靈雞湯》作者馬克‧韓森（Mark Hansen），以及亞洲成功學權威陳安之老師等人，都是他的學生。在我心中，他就像是神話一般的人物，這樣的人竟然願意遠從美國來到台灣教我們如何成功，實在太令人震撼了，於是我去聽了這場說明會，當下就立刻報名他的課程。

傑‧亞伯拉罕在課堂上分享了很多營銷的策略，我會在這本書中好好地跟你們分享。因為傑‧亞伯拉罕，我認識很多非常優秀的企業家，更不可思議的是，他們也對我產生了好奇！我從Nobody（沒人在乎的人）變成了Somebody（有內涵的人），也就是因為這次的學習，我在網路上的文章分享吸引了我的貴人王晴天博士的注意。

所以你知道嗎？要成功，就要讓自己變得有名，當你變得有名，自然就會有人主動來找你合作。我把跟傑‧亞伯拉罕老師的合照放到我的網路平台上，就更容易讓網友（陌生人）信任我，這就是行銷學裡面的貴人效應：「站在巨人的肩膀上，你能看到更遠的視野，同時也讓更多人看見了你！」但是不要為了出名，做出一些不良示範，有些網紅是「負面」的有名，這種有名的方式不會為你帶來好的結果，只會讓人們對你更厭惡。

▲ 與傑‧亞伯拉罕的合影

如果發現自己不能創造奇蹟，那就努力讓自己變成一個奇蹟。

——力克・胡哲

接下來，我會分成三個部分來介紹 Facebook 的社群經營，一個是 FB 的個人品牌，一個是FB的粉絲專頁，一個是FB的社團。這三種社群可以針對粉絲做不同的營銷，而且各有其優劣之處。

FB 個人品牌的營銷

首先是第一個：FB 的個人品牌。你要先註冊一個 Facebook 帳號，進入 FB 首頁後，裡面會有詳細的教學介紹。

▲FB 首頁註冊畫面

如果以經營自己的品牌為目標，資料能填多清楚就填多清楚，這樣才可以讓人感受到你的真實度，建立信任感。試想一下，如果今天你看到一個人的帳號、大頭貼，甚至資料等都是空白一片，你敢跟他合作做生意嗎？

大多是不可能的！所以資料一定要放全放齊，而且要正式，記住，現在是一個自媒體的時代，人人都是一個品牌，你要脫穎而出，創造輝煌成就，就一定要留意每一個步驟，注意每一個細節，包含大頭貼、封面、簡介等等。

▲我的 FB 封面與大頭貼

大頭貼是人們看你的Facebook第一個會注意到的部分，他們都想知道你是一個什麼樣的人，所以大頭貼就是人們對你的第一印象，我建議大頭貼一定要很正式，你可以花個錢去請人幫你拍形象照，來表現出你的專業。我個人的習慣是，喜歡放上一些與名人的合照，因為大部分的人不認識我，卻認識我旁邊的名人，我可以藉名人的影響力來讓他人初步定義我的價值。這裡的大頭貼就是我與理財大師羅伯特‧G‧艾倫的合影。

再來就是封面照片的部分，我常跟學員說，封面照片就好像是你開店做生意的招牌一樣，你直接放上你的事業招牌，讓人家一眼就知道你在經營什麼事業。魔法講盟因為屬於開放式的教育培訓機構，我們有很多各種不同類型的課程，所以我們常常會有一些大型活動，當活動來臨的時候，我們就會把活動的文宣放到 FB 的封面照片上，向大家宣傳這是我們近期

要辦的活動，也可以吸引到更多網友的注意。這裡的封面照片就是 2020 年 3 月魔法講盟舉辦世界百強 PK 決賽時的活動文宣，有想走講師這條路的人，一定不要錯過一年只有一次的舞台與比賽，成功晉級者不但能成為兩岸百強講師，還有機會站上亞洲八大這個國際舞台，讓更多人認識你。

「威樺老師，我因為一些因素，不方便讓太多人知道我現在在做什麼事業」這也是我常常會聽到的一個問題，在這裡我必須老實告訴各位，如果你是用這種心態在經營事業的話，成功離你會非常遙遠，為什麼呢？因為你自己都不相信自己，你要如何讓客戶相信你？

原則上，現在是一個信息戰爭的時代，人們都知道資訊的落差就是財富的落差，所以每個人每天都會關注最新動態，我們每一個人的一舉一動，事實上都逃不過他人的眼裡。

創業者一定要克服這道難關，在我一開始從事業務工作的時候，最反對的就是我的家人，因為他們說我個性內向，口才不好，沒有商業背景，我好幾年都受到這樣的對待。但我並沒有因此放棄，反而努力成長，想辦法讓他們看見我的成功，每個人都一定會遇到這樣的狀況，一定要想辦法克服。

至於簡介，就是填寫一些你的經歷，包含畢業學校、工作經歷等等，大部分的資料都可以填寫，但是一些比較隱私的資料就不要填，例如居住地、私人電話等等，以免有些有心人士蒐集這些資料，拿去做一些出乎我們意料的事（筆者就曾遇過有人未經我同意就拿我的照片去網路上販賣）。

這些部分一一填完後，接下來就是動態的發布了，動態的發布我的建議是這樣的，每天發一則以上的訊息，如果你一天發一則訊息，你的粉絲就會願意天天追蹤你，如果你三、五天才發一則訊息，你的粉絲就三、五

天再來追蹤你,這樣你可以理解天天發動態的重要性了吧!那發布的內容要是什麼呢?如果你只知道天天打廣告,發你家產品的好處與事業機會,久而久之就沒有人要追蹤你了,有可能反而會直接刪你好友,因為他們想追蹤的是你這個人,而不是那些廣告,所以我建議發文主題可以從以下幾點著手:

1. 生活近況
2. 幸福家庭
3. 正能量字語
4. 事業活動
5. 短視頻
6. 直播

🛜 生活近況

首先談談生活近況,如同我剛剛所說,人們不會想聽你說什麼,他們只想知道你做了什麼,所以與其你在網路上長篇大論,不如說說你近期的生活近況,比較能引起他人的共鳴。

▲ 我在新店矽谷國際會議中心的演講,
獲得台下聽眾的認同

🛜 幸福家庭

　　再來是幸福家庭的部分，劇作家蕭伯納（Bernard Shaw）曾說一句名言：「一個人的人品好不好，看他的家庭就知道。」所以我常常會分享一些我的家庭生活故事，無論是家人生日、出遊旅行、逛街、家族聚餐等等，用這類的分享來引起部分網友的關注，而且這也是最容易著手的議題，幾乎人人都可以信手拈來個幾篇 PO 文，你也可以分享你的幸福家庭。

▲分享我家人的動態

這是我的哥哥，他是一位優良的公車駕駛員，他開公車已經超過八年

了，因為工作表現良好受到表揚，由新北市長親自頒獎。為了這件事情我們家人一起聚餐慶祝，適當地分享一些家庭的生活可以吸引到不同族群的青睞，也可以讓你的客戶和潛在客戶認識不同面向的你。

📶 正能量字語

記住一件事，人們不喜歡跟負面的人交朋友，因為會被負能量影響。我是學機械工程出身的，以前的我不知道這件事，又或許是我身邊沒有人告訴我這件事，直到我上了世界級大師的課程之後，我才知道這個道理。所以我常常運動健身，為的就是上台時能將滿滿的正能量傳遞給台下的學員們。

正能量可以引起他人的共鳴，甚至願意為你分享轉發，如果你寫的內容讓他們有共鳴呢？想像一下超過300人轉發你的內容會是什麼樣的感覺？

也許你會說，不知道要分享什麼正能量的內容，我在這邊教你一個方法，就是「改寫」。改寫並不是 100%抄襲，全部抄襲很容易侵犯他人的著作權，改寫是抄襲七、八成的內容，再加上自己的真實分享，就可以了。事實上很多的文章都是抄來抄去，還有人開玩笑說：「天下文章一大抄」，在我們教育培訓界更是如此，所以我常跟學員說，教育培訓界沒有什麼祕密，只有誰發展的速度比較快，誰就贏。

不過我在這邊要呼籲，不論改寫還是抄襲，都只限於網路資源上的分享，如果要將網路上抄來的文章進行商業行為，那可就百分百侵權了。就好比出一本書，內容上絕對禁止使用網路文章，如果不得不為之，那就必須有至少五成以上的改寫，引用的圖片如果不確定有無版權問題，最好記得標明出處。這是我在撰寫這本書時，從中學到的心得經驗，跟大家共享！

　　孫正義當年投資馬雲的阿里巴巴 2,000 萬美元，不是因為他聽懂了馬雲的創業計畫，事實上他根本聽不懂馬雲在說什麼，他只是從這個人身上感受到滿滿的能量，他覺得這個人一定會成功，所以願意投資他。事後孫正義獲得了超過 2,500 倍的回報，成為了日本首富，證明他當年的眼光並沒有錯誤。

📶 事業活動

　　再來討論的是事業活動，我想這是大家最想分享的內容。根據我長年的社群經營實踐，建議採用 3:1 的比例去發布事業活動，什麼叫 3:1 呢？就是說如果你分享了四篇 PO 文，三篇要跟事業活動無關，一篇跟事業活動有關。據我實測後發現這樣的效果比較好，不會讓人覺得關注你等於一直看廣告，也不會覺得你的生活乏味無趣。

▲2020 年受邀參與超級行銷大師高峰會分享

🛜 短視頻

　　近年來抖音的興起，掀起了一波短視頻的熱潮，事實上這對大家都好，表示現在人越來越面向快餐式的取向，我們不用再花大心思去錄製長達一、兩個小時的影片。長視頻的事前準備，例如設計內容、決定素材、準備器具等，大多需要花時間與力氣去準備，現在內容由長變短，製作上就可以省去不少心力。同時，消費者也可以馬上抓到你影片中想要表達的重點，因為現代生活節奏快速，人們都在找尋快又有效的解決方案，而短視頻便是充分解決市場需求的最佳管道。

▼ 2018 年 9 月中國視頻平台 App 下載量 TOP20

（含海外 App Store + Google Play）

1.抖音短視頻 –	11.愛奇藝 –
2.火山小視頻 –	12.優酷視頻 –
3.LIKE 短視頻 –	13.嗶哩嗶哩 ↓
4.VMate ↑	14.騰訊視頻 –
5.BIGO Live ↑	15.虎牙直播 ↑
6.LiveME ↑	16.人人視頻 ↑
7.Up 直播 –	17.愛看影視 ↓
8.快手 ↓	18.土豆視頻 –
9.VOOV ↑	19.鬥魚直播 –
10.Cube TV –	20.西瓜視頻 –

▲我在抖音上不定時分享一些營銷的實用資訊

在這邊跟各位分享我的抖音平台，我有國際版的 TikTok，也有大陸版的抖音短視頻，國際版的抖音帳號是 @randyman0315，大陸版的抖音帳號是 2253252603。為什麼我要同時註冊兩個抖音 App？因為抖音有區域性的分別，大陸有大陸的流量跟資源，國際版有國際版的流量跟資源。

若你追蹤我這兩個抖音，仔細研究後你會發現有些許的不同，例如背景就不同，大陸有的音樂，國際版不一定有；國際版的音樂，大陸不一定有。再來是流量，在台灣很多人瀏覽的影片，到了大陸版就不一定那麼受歡迎，這或多或少也反應出每個市場的喜好度都不盡相同吧！

🛜 直播

　　直播的優勢就是可以即時互動，同時測試顧客消費的欲望。直播還有一個分享的功能，這個分享的功能可以讓網友快速地幫我們轉介紹，事實上每個FB用戶的好友平均約有500人，等於只要有一個人幫你轉發分享，就有可能又多了上百人觀看你的直播。

　　現在是數據說話的時代，你的FB直播如果獲得許多粉絲的青睞，FB官方會統計，什麼樣的族群可能會喜歡你的商品，那你之後再做廣告投放的時候，FB官方會更精準地幫你找出比較有可能消費的潛在客戶。而且你成功地在網路上做出口碑後，就會有越來越多的廠商或合作夥伴找上門，這樣分析下來，你是不是應該要馬上加強直播的功力呢？

　　剛剛介紹了很多關於FB的經營，但是如果你是剛開始經營FB，還沒有好友怎麼辦呢？萬丈高樓平地起，羅馬並非一天造成的，事實上每一個人也都是從零開始經營的。前面的章節提過，我大學畢業後才開始學習商業知識，比人家晚了好幾年才起步，也是一步一腳印走到現在，所以別說奇蹟不會發生在你身上，只問你願不願意踏出這第一步？

　　每天保持加好友的習慣，就像業務員每天認識新朋友一樣，世界首富之所以成為世界首富，就是因為他的消費者夠多、股東夠多、合作夥伴夠多，所以我們每天都要保持這個好習慣。

　　FB加好友有限制，一天加太多的話容易被禁止，新帳號的話更有可能直接被封鎖，所以我的建議是：每天加20個好友，早上10個，晚上10個。雖然有人會覺得這樣效率太差，但如果你每天都認真跟10個朋友互動、聊天深交，培養出來的信任感我想一定更穩固。如果讓你每天認識100

位朋友，試問你有辦法跟他們每一個人都用心交流嗎？應該很難吧！

⚡ FB 粉絲專頁的營銷

前面講的是關於 FB 個人平台的經營，接下來我們要討論的是粉絲專頁的經營以及建議法則。

首先我們來釐清一下，粉絲專頁跟社團的差異性，基本上，這兩者有三個主要的區別。第一是隱私性，粉絲專頁的優勢是開放，基本上只要是 FB 的用戶都可以看，但是社團具有隱私保密的功能，除非社長同意，否則外人不一定可以完全看到社團裡面的內容。

再來，粉絲專頁有應用程式支援，像是近年來最夯的 FB 粉絲專頁機器人，可以自動跟粉絲互動，處理一些繁瑣的事情，但是社團並沒有應用程式支援，為什麼呢？因為社團本身就是一個應用程式！

▲粉絲留言時，機器人會自動回覆並給予相關處理

第三個差異是數據分析，粉絲專頁會幫我們整理很多行銷上的數據，例如洞察報告、發布工具等等，但是社團並沒有這樣的功能，所以從數據分析的精細度上來說的話，粉絲專頁比較有優勢，如果以市場調研的需求來研究的話，粉絲專頁上也更容易找到詳細的相關資料。

▼社團與粉絲專頁的 3 大差異

差異性	社團	粉絲專頁
隱私性	封閉&開放	開放
應用程式支援	沒有	很多
數據分析	不明確	清晰明確

接著我們來探討粉絲專頁的經營建議，你可以參考我以前的粉絲專頁「營銷知識庫」，有一些資料可以參考，原則上跟個人動態都一樣，只是搭配了聊天機器人，你可以有效地增加曝光量與行銷發展的空間。

在此我分享幾個粉絲專頁專屬的聊天機器人，這些機器人因為只能運用在粉絲專頁上，所以我不歸類在懶人包裡面，我們來看看有哪幾款聊天機器人：

名稱：EC2 Facebook 聊天機器人
收費模式：2,000 元新台幣／月

名稱：Manychat
收費模式：依官網而定

名稱：Gosky 收費模式：依官網而定 	名稱：Creator 收費模式：依官網而定
名稱：Chatisfy 收費模式：1,399 新台幣／月	

這些聊天機器人各有特色，一開始我用的是一個叫Mr.Reply的聊天機器人，可惜後來因為 FB 營業規則改變，這個平台經營不善就收起來了，之後我便改用朋友推薦的 Chatisfy。

贈品引流法

之前粉絲專頁很流行一種營銷手法，叫做「贈品引流法」，就是利用贈品吸引粉絲留言、按讚、分享。我曾寫過一篇文案：「您聽過了行銷之神傑‧亞伯拉罕，那您聽過了行銷之父菲利普‧科特勒嗎？您知道行銷已經從以產品為導向，進化到數位行銷虛實整合了嗎？如果您還不知道，我希望有機會跟你們分享行銷4.0的內容，留言+1，我把相關筆記寄給您。」如果你想知道這篇文章帶來的效果，你可以掃描右邊的 QR code。結果是，這篇文章幫我帶來了超過 60,000 次曝光量，5,900 次以上的互動以及 2,000 多則的留言。

另一個成功的行銷案例是這樣的：「Evernote 不能亡，留言+1 送你

《EVERNOTE 100 個做筆記的好方法》，你真的會做筆記嗎？如果你想要學會以下技能⋯⋯留言+1，小弟馬上送你電子書⋯⋯」這篇文章的連結就在右邊，你們可以掃碼來看看結果。

　　這篇文章破了 17 萬的曝光量，有 2 萬多的互動次數，超過 6 千多人留言。如果是買廣告的話，估計需要六位數以上的廣告預算才能達到以上的效果，所以學會行銷可以每年多賺幾百萬，一點都不假！

▲贈品引流法帶來的驚人廣告效應

　　那麼一開始要怎麼做呢？請先從邀請朋友按讚開始，你要累積一些基本粉絲，再想辦法讓他們裂變，倍增人脈。我很喜歡微軟企業家比爾・蓋茲的一句名言，這句話是這樣說的：「我的成功沒有祕密，我只是跟 1,200

人講了我的創業計畫，其中 900 人拒絕我，300 人加入我，其中 85 人與我合作，85 人中又有 35 人全力以赴，最後有 11 人幫助我成為了億萬富翁（當然，這 11 人也至少都成了千萬富翁）。」每當我失意的時候，我就會把這段話拿出來鼓勵我自己！

所以基本功是很重要的，即使是現在，我依然保持每天認識新朋友的好習慣，我每一年都會設定一個全新的目標，做我從未做過的事，因為那才叫成長。

FB 社團的營銷

再來我們討論 FB 社團的部分，其實 FB 社團也有它的優勢跟好處，如果你有比較隱私、不想向大眾公開的訊息就可以放這裡，例如加入你團隊的夥伴，你可以給他一些團隊訓練手冊。我會在這裡設計一些付費的課程，讓只有付費的學員才能看到相關課程內容，因為這是為了尊重付費的學員，必須做一個區隔才行。

若你的粉絲團人氣還不是很高，你又不知道發布什麼樣的內容會讓粉絲感興趣，你也沒有足夠的經驗或預算下廣告，那麼你可以先考慮經營社團，因為社團發布的內容曝光度相對會比個人動態或粉絲專頁來得高。

建立 FB 社團的方法很簡單，在 Facebook 頁面左邊側欄的「社團」點選進去之後，就可以開始建立你自己的社團。你必須填寫社團的相關資訊，包括社團名稱、邀請成員以及隱私設定（至少需邀請一位成員進入社團）等。

我的社團名稱叫「網路行銷知識庫」。我設定這個名稱是因為我想要

吸引一些對經營社群營銷有興趣的網友，他們有時候會在網路上找尋學習網路行銷的方法，這時候就有機會搜尋到我的社團。你也可以建立好幾個不同名稱的社團，例如賺錢、健康、美容、投資、創業等等，就有機會天天讓不同族群的網友流進你的社團。

▲畫面擷取自我的社團「網路行銷知識庫」

我另一個社團以抖音為主題，名稱是「抖音互讚互粉」，為什麼要成立這個社團呢？因為我發現近年來吹起一股抖音風潮，在我們這個行業裡，有許多老師早早聞到商機，開課教人們如何做抖音，這就是趨勢的力量。我曾經在臉書發布一篇文章，內容是這樣的：「我建立了一個抖音社團，裡面可以看到許多人經營抖音的影片，如果您也希望學抖音經營或讓更多人關注您的抖音，留言+1，我邀請您進去唷。」

　　結果這篇文章短短不到三天就有超過 150 人留言，打破我過去的引流紀錄，證明了市場對於抖音營銷有很大的需求。我們魔法講盟技術長泰倫斯老師也是抖音的專業講師，我的抖音經過他的調教，曝光量比以往多了 50 倍左右，如果你也對抖音課程有興趣的話，可以掃描右邊 QR code，了解「一隻手機輕鬆搞定千萬流量百萬收入的影片行銷術」這個課程的影片介紹。

　　當然你也可以在社團裡面做直播，臉書還會免費地自動幫你通知你社團內的所有人，幫助曝光你的活動。

　　嘉義縣有個文化里，文化里里長楊石旭為了讓更多人認識他們里的文化與美食，也為了凝聚里民的情感，在臉書成立「幸福朴子人」社團。裡面除了探討當地的大小事，也會進行當地的美食直播，將第一手的美食資訊介紹給外地大眾。成立至今不到 1 個月，成員數已超過 2,000 多人，也成功吸引了許多對美食有興趣的網友。

▲畫面擷取至我的社團「抖音互讚互粉」

2-3

Line 的社群營銷

說到 Line 的社群營銷，無非就是 Line 的個人以及群組經營還有相關的貼文串，又稱限時動態，台灣首富郭台銘曾說過一句名言：「作為領導者必須『胸懷千萬里，心思細如絲』。」因為市場變化太快，尤其科技日新月異的時代下，以後只會更快，不會變慢，所以企業家要有宏觀的視野，以及務實的自律。

據統計，在台灣約有 2,000 萬人次使用 Line App，等於你家巷子或社區至少有九成的人都在使用 Line，而商機就在這裡。

我曾透過 Line，單月創造 30 多萬的營業額，包含課程、直銷產品與軟件外掛，也曾經營過很多的群組，如「行銷大師交流群」、「趨勢行銷交流群」，每天都在服務我的學員，接觸最新的營銷資訊，所以我想跟你分享這個營銷模式。

首先我們來討論 Line 的個人形象，跟 FB 的個人形象其實有異曲同工之妙，主要還是分成大頭貼、封面、Line ID、暱稱、狀態等，讓我分別來細部介紹。

大頭貼就不用我再細說了，跟 FB 一樣，如果你想要用另一種形式來表現你自己的話，你可以放不同的大頭貼，以吸引不同的客群。

封面的話，Line 又分電腦版與手機版兩種規格，電腦版尺寸為 820 ×

312px（寬×高），手機版為 640×360px，Line 的主頁封面尺寸為 640×520px（寬×長）。所以你不能直接把 FB 的封面照片當作 Line 的主頁封面，畫面會跑掉。封面一樣可以放你的品牌之招牌，如果你擔心被一些不方便看到的人知道的話，你可以放別的照片，像我習慣放與世界大師的合照，來定位我是一個商業培訓老師的身分。

▲ 2018 年 12 月創立的「行銷大師交流群」，短短兩個月就有 400 人進群

▲ 我的 Line 主頁封面

　　新版的 Line 還多了音樂的功能，除了視覺化還可以加上聽覺化的享受，這很有趣，前提是你必須先下載 Line 官方的「Line Music」才行，因為我覺得這跟本書要探討的主題沒有直接關係，所以這部分我就不多著墨了，有興趣的人請自行研究吧。

關於 Line ID 的設定，原則很簡單，就是要「很簡易」，因為有時候我們會遇到對方要加我們好友，卻因為一些因素無法掃描我們的 QR code，或者沒有辦法透過電話號碼加好友的情況，不得已只能讓對方手動輸入我們的 ID 了對吧！如果你的 ID 太過冗長或複雜，對方不好輸入，想想看，如果對方在網路或在什麼地方看到你的廣告，很有興趣想要聯繫你，卻因為你的 Line ID 太複雜無法加你好友，導致你失去了跟他成交的機會，那不是很可惜嗎？

因此，我認為 Line 的 ID 越簡單越好，越簡單對方才容易記住，像我的 Line ID 就很簡易。我曾創立了一個網路行銷系統，中文叫「趨勢行銷系統」，英文是 Trend Marketing System，所以我取這三個英文單字的首字母，再加上我是創辦人，我的 ID 就成了 TM101S。在商務交流的時候也很實用，不是拿名片給對方看，就是直接唸給對方聽亦可。

接著是狀態欄，狀態欄就像副標題，可以從旁側寫你這個人的情報，很多人都會放上自己喜歡的狀態，像是「寶貝我愛你」、「平安喜樂」這類的敘述。

我沒有說這樣取不好，但是以我營銷的角度來看，我們可以設計一個讓對方，尤其是陌生人想要主動認識你的文案，巨大的成功是由每一個小成功累積的，所以我們可以在狀態欄這邊加以修飾，比方你可以寫：「加我好友送價值 2,000 元營銷大禮」或者是「加我好友私訊索取健康養身 10 個方法」之類的。

在設計狀態欄的時候可以加上數字，因為數字可以量化，讓對方可以衡量比較，假設我今天設計兩種不同的狀態欄，一種是「加我好友送價值 2,000 元的營銷大禮」，另一種是「加我好友送價值 50 元的營銷大禮」，

兩者看起來有沒有什麼不一樣？是不是感覺前者比較吸引人，後者好像不重要似的，對吧！因為數字可以量化，在成交過程中，數字化會大大地影響成交的勝敗。

⚡ Line 群組的營銷

我們開始要進入最重要的一個環節——群組的經營了，群組的經營可以說是社群營銷的重點，它跟你的事業發展比較有直接關係，怎麼說呢？因為消費者會因為你群組的內容而決定要不要跟你合作。

首先我們要注意的是群組的主題，這部分就跟之前我分享 FB 的社團名稱一樣，太過平凡的主題可吸引不了人，群組的主題等同於社團的名稱，你要設計出一個讓人有興趣的名稱才行。群組的照片以及封面當然也是重點，如果你都不放，或者是放一些比較沒特色的照片，當你在邀請朋友入群的時候，你會發現進群的比率不高，因為沒有人對這個群感興趣。你可以適度點綴一些圖片素材，利用前面我所提供的網路資源懶人包，掃描你覺得有趣的連結，找出適合你主題的素材，再後製改編一下，就成了你專屬的封面了，這會對你的社群營銷大大地加分唷！

▲ Line 動態就像臉書動態一樣，重點是內容有沒有吸引力！

最後是貼文串，又稱 Line 的動態，這就像是 FB 的動態一樣，如果你經營得

好，就會有人幫你按讚，甚至主動找你唷！

　　下一步就是建立屬於你的魚池，也就是建立你自己的群組，這點非常重要，幾乎決定了你 99%的業績，因為你在群裡面就是老大，就是管理者，所有人都要聽你講話，你的任務是如何讓大家乖乖聽你的話！

　　群組的主題，建議不要太過商業化，例如「○○公司事業說明」，這種太過目的性的群組，大多數人都不會有興趣的，所以**建議你設定一個軟性的主題**，像我的「行銷大師交流群」與「聯盟行銷群」都是提供一個平台，讓大家可以在上面自由發揮，如此一來，他人才會願意花心思、花時間在關注這個群組的訊息。否則，如果天天發商業性質的訊息，人家連點開看都懶了，你發那麼多商業訊息，不是白費工夫嗎？

　　建立群組容易，那名單從何而來？我的答案還是：從你的競爭對手那邊來。我這裡有一個親身實例，我會去一些類似我們教育培訓機構的場合交換名片，然後一個個把人邀請進來，如果你想要更快的方法，你可以試試在你的 Line App 裡面的訊息欄位搜尋群組，只要輸入「Line.me/R/ti/g/」，把這組關鍵字輸入訊息記錄，你就可以看到所有出現在你面前過的群組的歷史紀錄，無論是 Line 或臉書都可以用這個方式來搜尋。

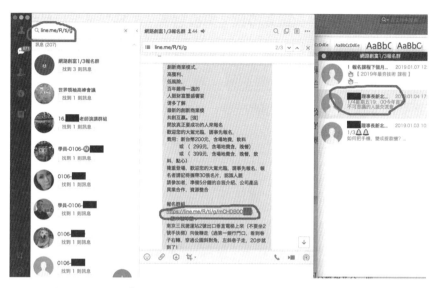

▲在 Line 的訊息紀錄附上連結，就會找出有群組網址的群組

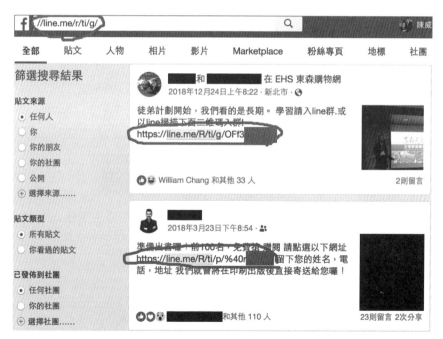

▲在臉書上搜尋位附上連結，就會找出很多 Line 群組

看了上面的教學，你還覺得找名單很難嗎？一點都不，只是你不知道方法而已。進入群組後，建議不要馬上加人，畢竟是別人的地盤，一被檢舉你很快就會被移出群，最好是觀望三到五天再開始。一天可以加100人，但是不要加太快，否則也有可能被禁止加好友，最好是一次20個慢慢加，加了之後就先打個招呼，簡單介紹一下自己。記得，別人在認識你公司的任何資訊之前，一定會先問你是誰，所以不要一開始就說你公司的產品或制度有多麼好之類的，要先想辦法建立他人對你的信任！

您好，我叫威樺，是一個網路行銷教練
我熱愛學習，過去跟隨許多國際大師學習商業課程
最近剛好在群組內看到您想說不知道有沒有機會跟您交流
這邊跟您分享我今年最新寫的電子書
『如何善用臉書做行銷』希望對您有幫助
https://bit.ly/2CCGdRF
如果還想了解更多，我還有一個粉絲專業『營銷知識庫』
裡面有更多優質的資訊可以免費送給您
https://reurl.cc/pW9xd
我們在上個月建立了一個行銷大師學習群
裡面有分享很多去年我從世界行銷大師亞伯拉罕學到的
跟行銷有關的觀念，案例
而且每天還會有人分享最新資訊，我也不定時會po文章
如果有興趣的話可以直接進群
https://line.me/R/ti/g/TJkJGLqqvZ

如何用臉書做行銷.pdf
點選此處以開啟此連結。

▲擷取至我的 Line，先自我介紹，讓人對你產生信任

以下對話稿就給大家參考：

「您好，我叫威樺，是一個網路行銷的講師，

這是我的影片介紹 https://youtu.be/ufRqX0EGOIg

我熱愛學習，過去跟隨許多國際大師學習商業課程，

最近剛好在群組內看到您，想說不知道有沒有機會跟您交流，

這邊跟您分享我今年最新寫的電子書

《如何善用臉書做行銷》希望對您有幫助，

https://bit.ly/2CCGdRF

如果還想了解更多，我還有一個粉絲專業『營銷知識庫』，

裡面有更多優質的資訊可以免費送給您，

https://reurl.cc/pW9xd

我們上個月建立了一個行銷大師學習群，

裡面分享很多去年我從世界行銷大師傑‧亞伯拉罕學到的與行銷有關

的觀念、案例，

而且每天都有人分享最新資訊，我也不定時會 PO 最新的文章，

如果有興趣的話可以直接進群，

https://Line.me/R/ti/g/TJkJGLqqyZ」

　　這樣就能輕鬆邀請他人進群了，大多數人都是被動的，所以通常由我
主動邀請，但是這麼做有一個風險，因為我是在未經他人許可下邀請的，
所以進群的人可能不是心不甘情不願，就是別有居心，但是無所謂，反正
我們的目標是拉人進群，最低標準是 300 人，先衝人氣，等到了 300 人後
再開始嚴格篩選，確定他人有興趣了再邀請，這樣進來的人才會是真正有
興趣的精準客戶！

🎙 **學員專欄**

網路創業夢想家——葉繁芸 Ivy

大家好，我是從事投資理財的顧問跟組織行銷的 Ivy，我跟威樺老師是在學習的場合中認識的，我們都是非常熱愛學習的同頻人！

看完這本書，非常佩服威樺的學習精神，也跟著他一起學習到很多世界大師的知識與智慧，這本書也能幫助到身邊有要創業的朋友，提供更多創業的思維，當然對我的組織行銷也非常有幫助！

威樺老師網路行銷的功力非常厲害，我在他身上學到非常多的知識與技巧，學到如何運用網路社群創造財富！

一聽到老師要出書，馬上自薦要來幫忙寫心得文！這本書的內容真的非常實用，有緣讀到本書的朋友，我真心建議你們，千萬不要只是讀過而已，讀完後務必要有所行動，照著書裡面的方法去做，才能達到你們想要的結果，在此預祝大家，一起利用社群營銷創造財務自由的人生！

🔋 如何測試市場需求

這部分真的很重要，也是大部分人的迷思，我以前最常犯的錯誤，就是「不了解他人的需求，只講我公司或產品的好」。以前經營的第一家直銷公司，叫做安○，那時候我的上線每個禮拜都叫我去公司開會，學產品示範、介紹產品、列名單出去講 OPP（事業機會），所以我每次逢人就產

品示範 OPP，你說我有沒有成交呢？確實是有業績，但是回購率很低。有些人甚至見完面就把我封鎖了，為什麼呢？因為我忽略了客戶的需求與感受，只顧講符合我自己利益的內容。

　　為什麼我現在的策略很有效？因為我不斷地做 A/B 測試，測試什麼樣的內容與什麼樣的贈品是市場最渴望的，把得到的最好的結果繼續使用並加以改善，因為傑‧亞伯拉罕說過，行銷就是不斷的測試、比較之結果。郭台銘也說過一句話：「天底下沒有最好的辦法，但是一定有更好的辦法。」

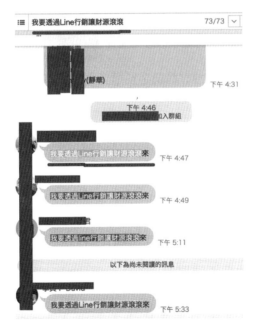

▲我測試的畫面

　　我每次在做行銷測試的時候，都會利用訊息紀錄去幫我統計，這次的測試有多少人回應，在多久時間內超過 100 人。不斷地做紀錄，去交叉比對分析，到底我的學員最想要的是什麼？

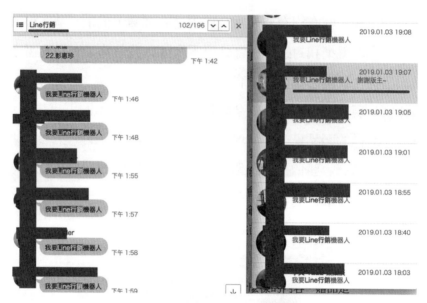

▲搜尋關鍵字後所查到的紀錄

　　我打上文案的關鍵字搜尋，就可以看到什麼人，在什麼時間點，對什麼內容有回應，全部一覽無遺，所以我連在什麼時間點最適合 PO 文，都是經過不斷測試選出最好的時段與文案，也就是俗稱的結合了天時地利人和，我從 2016 年就開始在做這件事情了。

📶 如何暴力洗版，讓他人瘋狂替你轉介紹？

　　想一想，如果你是新進群的朋友，你最在意什麼？答案是，我進入這個群組對我有什麼好處？所以，我每天都會分享一些最新的行銷資訊，或者是證明有效的行銷模式，但是我一開始經營的時候，因為分享的內容太過深奧，全部人看完我的訊息幾乎只有一個反應——已讀不回。

　　你分享完你的資訊後卻沒人反應，你怎麼進入下一步驟？我心想這樣下去不行，我必須改變策略，想辦法讓群內的夥伴幫我衝人氣，因為群組

就像是一個網路會議，每家公司一定有會議行銷，你們會希望會議行銷冷清清的嗎？如果是，那結果可想而知，講完是不會有人買單的！

▲我的電子書引流實踐

因此我改變了作法，我本來習慣在群組直接分享訊息，變成寫電子書，然後發訊息跟大家說：「我今天準備了 xxx 電子書要分享給你們，怕群發打擾到大家，如果有需要的朋友，請幫我回覆【我要xxx電子書】。」利用這樣的引流方式，可以讓我分辨出，群內的哪些人是真心想學習的朋友，哪些人只是潛水觀望的。我在之後的群組瘦身計畫裡，那些潛水觀望者就會是我優先移除的對象，反正那些人也不跟你互動，你也不用期待他會跟你談生意了。

回到標題，要如何暴力洗版？我不會一直拼命發文打廣告，也不是花錢買行銷系統或請助理，而是設計一個行銷模式，想辦法請一堆人幫我打廣告，這就是借力使力的最好印證！如果我天天說自己是最棒的，那就是最笨的作法，最好的辦法，就是讓他人推薦我，而且幫我炒熱群內的氣氛。

就像去市場逛街一樣，你忽然看到某家餐廳大排長龍，你一定會好奇發生了什麼事，過去瞧一眼對吧，如果這時你恰好肚子餓了，是不是你也就加入了排隊的行列了呢？

總而言之，人家看到你的模式有效，就會對你產生興趣，這時候，就是你要求他人與你碰面的機會了。如果碰不了面，就開一個線上OPP吧，只要下載 Zoom App 就可以了，我在前面的懶人包也有分享。記住，會議行銷是產生業績最快的方法，我自己就曾好幾次透過會議行銷產生五位數的收入。你知道為什麼天天有公司開招商會、說明會等各種活動？因為他們都知道，這是大量產生業績最快的方法！

🛜 Line 防翻群機器人

這是保護你的群組不被他人搗亂的機器人，當我暫時把大陸市場放下，經營台灣市場的時候是在 2017 年。說也奇怪，常常自己經營的群組到了晚上就不見了，早上起床一看，發現我自己被踢出去了！

後來經由朋友的介紹，我得知了有保護我們群組的機器人，就去買了幾組，效果不錯，它可以保護我們的群組不被惡意踢翻，讓我們這些社群經營者晚上都能睡得安穩。

▲ 這種像卡通人物的帳號會保護我們的群組不被他人惡意移除

2-4

WeChat 的社群營銷

　　2015 年，我透過一位網路行銷老師認識一家傳直銷公司，當時因為這家公司的產品效果明顯，制度又很特別，於是我加入了。我加入的最大原因是我察覺它的市場很大，因為它主張可以透過網路發展事業，創造收入，這對當時的我非常具有吸引力，因為我的夢想就是人在家裡賺全世界的錢，它跟我的想法不謀而合，所以我就投身開始研究了起來。

　　還記得我前面提到羅伯特·G·艾倫的故事嗎？要成功就要去找有成功結果的人學，於是我研究了很多團隊。後來遇到一個團隊，他們有非常豐富且成功的社群營銷經驗，於是我就加入了他們的團隊。我發現，原來在大陸是非常習慣在線上做生意的，為什麼呢？因為大陸太大了，即便是兩個城市的人要碰面商談，都是很難得的一件事情，試著想像一下，如果你人在深圳，聽到今天上海有一個實體的事業說明會，你要怎麼參加？一定是先坐飛機，飛到上海後再轉出租車接送對吧，那要花多少的時間跟金錢呀！

　　為了克服遠距離的時間與成本，大陸逐漸發展出一套在線上做生意的模式，值得我們台灣學習。

　　我常常跟學員舉雙 11 節的案例，雙 11 節是中國大陸流行的娛樂性節日，原本是針對單身一族設計的，所以又稱光棍節（光棍的意思便是「單

身」）。因為是在每一年的 11 月 11 號，簡稱雙 11。原本只是起源於網路的一個次文化，這一天是許多單身男女為了脫離單身狀態而舉辦交友聚會活動的日子。

同時，雙 11 也是各大商家（特別是線上購物）以終結單身為主題舉辦促銷活動的日子。從 2009 年的 11 月 11 日開始，大陸的購物網站淘寶及以天貓為首的商家將該日打造成「雙十一狂歡購物節」，因為業績銷量逐年攀升，其他電商也紛紛跟進，雙 11 節逐漸演變成網路購物的專屬節日。

可能還是有人會質疑，透過網路真的可以賺到錢嗎？事實上，大陸已經透過網路平台創造許多不可思議的奇蹟！再舉天貓雙 11 的業績為例，2018 年，天貓雙 11 創下 2,135 億人民幣的營業額。隔年，天貓再次創新紀錄，單日便創下 2,684 億人民幣的營業額！

看到這裡，你還懷疑網路銷售的可行性嗎？當務之急，我建議你好好看看這本書，因為我會分享不少大陸社群經營的實際情況，如果你有在發展大陸事業，你更不應該錯過大陸網銷的最新趨勢。

本節要談到的是 WeChat 的社群營銷。微信（WeChat）之於大陸，就像 Line 之於台灣，它的功能非常方便，最大的特點就是免費，所以使用的人最多。不只如此，它通話也免費，跟朋友聊天完全可以不用在意時間跟費用。這個軟體也可以用語音交流，聲音交流的效果大過於文字交流，因為聲音可以傳遞人類的情感與能量，而文字只是冷冰冰的訊息而已，所以我都告誡我的學員，能碰面就不要講電話，能講電話就不要發語音，能發語音就不要用文字，因為這都會影響他人對你的信任感。

微信還有一個好處，就是收錢不用手續費，也不用繳稅，如果你是用別的方式收款，大部分都是要扣手續費的；如果是銀行收款，甚至還有可

能需要扣到稅金這一部分，所以你知道為什麼大陸人人都會安裝微信了吧！如果你還沒有開通微信，趕快去下載吧，蘋果用戶只要上 App Store 搜尋「WeChat」就可以下載，安卓用戶打開 Google Play 去搜尋即可。

　　微信群的上限是 500 人，早年 Line 的群組上限是 200 人，後來受到微信的影響，在 2016 年才擴充上限到 500 人，至於 QQ 群是 2,000 人為上限，如果你想要透過多種管道去經營你的事業，也可以考慮經營 QQ 群，原理都一樣。

　　我在上一章已經分享了許多大陸免費又好用的資源，基本上這些資源夠你用一輩子。但是我知道光有資源並不夠，還需要有人教，所以我還是介紹一下自己的作法跟想法，你們做中學的過程中如果遇到問題，可以寫 E-mail 給我，我會在 24 小時內回覆。

　　通常經營微信至少要有兩個帳號以上，一個是聯絡主要客戶用，另一個是做社群營銷用，雖然有很多方法可以讓你「免費」註冊第二個帳號，但是說真的使用效果都不好，不是邀群受到限制，就是容易被封號，做到後面根本就是浪費時間，套一句馬雲常說的名言：「免費的往往就是最貴的，因為會浪費我們寶貴時間！」為避免到後面白做工，又要從頭來過，建議你還是乖乖多申請一支手機吧。

　　你覺得億萬富翁認為時間重要還是金錢重要呢？近幾年來我跟許多大企業家交流，他們的答案一致認為「時間比金錢重要」！這些企業家一天就可以賺進好幾百萬，錢沒了，再賺就有，但是時間過了還回不回得來呢？回不來對吧！所以億萬富翁普遍重視時間遠大於金錢。

　　香港首富李嘉誠是 1928 年出生的，現在已經超過 90 歲了。如果你問他，有一個辦法可以讓他年輕 20 歲，你覺得他會為此付出多少錢呢？也許

多少錢他都願意付出，因為他不缺錢，他缺的是時間跟健康，這是不是有給你一些啟發呢？所以最貴的才是最便宜的，免費的才最貴，有錢人用錢買時間，同時用錢賺錢！

在大陸經營微信是從商基本技能，有的老闆會購買至少 60 支手機在自動營銷，如果這樣的營銷模式可以幫你每個月多賺 100 萬，你覺得有沒有投資的必要性呢？

⚡ 個人微信號的營銷

接著我們來談談個人微信號的經營，我們分四個階段。首先是品牌形象的設定，註冊好微信後，點選右下角的「我」進入下頁的畫面。

大頭貼跟封面前面都已經提過了，放一些無傷大雅的照片就可以了，我們的重點在 WeChat Pay，也就是收款支付的功能，現在為了保護消費者的消費安全，所以微信官方統一需要去大陸申辦銀行帳戶，才可以註冊。而且註冊大陸帳戶的條件越來越嚴格，以前是只要去就辦得成，現在還要居住證跟工作證明，未來有可能還會有其他規範。

但是好康來了，作者認識很多大陸開戶團，只要你有需求，寫 E-mail 給我，我會馬上協助配對適合你的團，讓你一次出團就成功開戶，而且有機會當天來回。開戶最怕的就是一次開不成，要一直跑來跑去的，浪費時間又浪費錢，專業的事就交給專業的人來做，外行人就乖乖出錢坐等結果吧。

接著往下看，你會看到一個收藏的功能，這個功能非常好用，因為我們在經營微信的時候常常會遇到一樣的問題，回答久了也覺得很煩，不如

直接把常常回覆的內容收藏起來，這樣下次直接打開收藏就可以找出對應的資料發送了。

至於怎麼把文章收藏呢？很簡單，只要長按你想要收藏的文章數秒鐘，就會出現一些選項，找到收藏的按鈕按下去就行了，語音、圖片、文字都可以收藏唷！

▲點選右下角的「我」進入設定　　▲我的「收藏」頁面

再來就是朋友圈，我覺得這裡有很多眉角值得跟各位分享，因為大陸朋友很喜歡發朋友圈，他們發得越多，生意機會就越多。台灣卻恰恰相反，台灣人是發得越多，被停止追蹤的機會就越高！

大陸有一個真實案例是這樣的，有一位億萬富翁李強，他每天發 200條朋友圈，發到他的朋友都罵他不要臉，沒想到李強反而這麼說：「我能

成功就是因為我不要臉,我都這麼有錢了還這麼拚,你這麼窮還不拚,窮死你活該。」

你知道為什麼我一直舉成功案例給你們看嗎?因為我前面說了,很多人明明知道成功的方法,卻沒有成功,這是為什麼呢?因為知道不等於悟到,你知道李強每天發 200 條朋友圈的事,請問你悟到了他渴望成功的精神了嗎?若你問我,每天發 200 條朋友圈要發什麼,那我反問你,如果今天你的準客戶坐在你面前,你想要跟他分享什麼呢?

所以你可以把在朋友圈的分享當作你個人的成長紀事!我覺得經常更新朋友圈非常重要,它就像是一個機制,讓人有過濾篩選加好友的機會。我相信有些人會先看你的朋友圈,再決定要不要加你好友,而且這樣的人應該還不少。非好友可以看十則朋友圈的資料,你的朋友圈如果空蕩蕩或只有寥寥幾條內容,會讓不認識你的人更無法認識你,也沒興趣進一步認識你,更有可能的是,來加你的都是機器人,都是無效粉絲,機器人成為你的粉絲有什麼用?只不過把你五千個名額給占掉了,根本毫無意義。結論就是,你的朋友圈千萬不要空白,否則精準客戶都不會來找你,也不要三天捕魚兩天曬網,久久才發一條,這樣很不專業,別人一看你的朋友圈,往往就直接離開了。

我認為一天至少發五則,記得我前面跟你說的,每個市場的文化都不一樣,你不要用台灣的文化來應付大陸的文化,那是行不通的。這五則的發布時間就看你方便,你可以選擇在早安問候跟晚上睡前各發一則,以顯得你的朋友圈多元化,內容豐富不枯燥,其他三則就隨機發布,像是生活動態、事業優勢、客戶見證,或是短影片,都是不錯的題材。要提醒的是,朋友圈短影片的時間限制是 15 秒,我不知道未來會不會改變,至少現在是

這樣。

如果你能堅持每天發五則，那你就能塑造出你專業認真的形象，別人看到你是如此用心地經營你的品牌，當有需求時他們就會優先找你了。

▲我的朋友圈發布狀態

朋友圈現在多了幾個新功能，第一個是發布的地點會自動記錄並顯示，你不用再特別備註你是在哪裡發朋友圈的，官方會幫你定位，當然你也可以選擇不要公開所在位置。

第二個就是提醒功能，有些時候重要的訊息必須要告知特定的對象，就可以用這個功能去標註他，但是人數上限只有 10 位，需要謹慎選擇。

第三個就是公開的權限，有些資訊不方便給某些人看，那就把他移除吧！另一個比較特別的功能是貼圖市集，可以把你的 Logo 上傳，變成貼

圖，因為這個功能跟本書的主題沒有太大關係，讀者自行研究就好了。

▲我的「廣播助手」頁面

　　至於設定，有幾個功能我一定要重點介紹一下，第一個是「廣播助手」，路徑為：設定→一般→協助工具→廣播助手。有在經營Line的人都知道，一個訊息最多只能轉發給 10 個人，如果要傳給更多人的話，就要重複使用轉發這個功能才行，但是廣播助手一次就可以轉發 200 人，這對於微商來說是一件令人高興的事情，如果你的微信好友有 5,000 人，你只要轉傳 25 次就可以了，如果用 Line，就要轉發 500 次，還有被禁言的可能性，是不是超級實用！

　　設定底下還有一個聊天紀錄備份跟儲存空間的功能，這個是針對手機容量不足的朋友設計的，有些人的處理器比較慢，容量可能只有 32G，那

麼微信大量的訊息很容易造成手機容量空間不足，這時候就可以在這裡把重要的訊息做備份或轉移，或者是乾脆直接刪掉！

▲我的「聊天紀錄備份」與「儲存空間」頁面

原則上，我會建議經營社群營銷的學員準備一台 128G 的手機，因為你做的量越大，你就越需要龐大的記憶體來應付這些訊息，如果你的手機容量沒有這麼大，那麼就要定時清除掉一些無用的訊息，來確保手機順利運作。

接下來是「發現」的功能列，你會發現上面第一個是「朋友圈」，這裡的「朋友圈」是別人的「朋友圈」，不是我們自己的朋友圈，你可以透過這裡的「朋友圈」，去看看他人的近況。我的建議是，鎖定一些精準的客戶名單，天天去他們的朋友圈按讚留言，光按讚可能還不夠，因為前幾

年有人設計了一個自動按讚的機器人,所以大家都會懷疑按讚的真實性,對方也不見得因此就會對你產生興趣,所以最好的方法還是留言,而且是丟問句式的留言,讓對方想要認識你並了解你。

何謂問句式的留言呢?我這邊示範給你看,你可以這麼問:「請問這個產品怎麼使用對我的健康才有幫助呢?」或是「請問我要如何把這套營銷系統運用在我的團隊上呢?」通常你丟這種問題,等於是逼對方不得不去回覆你,如果對方又是你的精準客戶,是不是更容易成交他們了呢。每天在 30 個精準客戶的朋友圈互動留言,相信對你的事業一定更有幫助。

接下來是微信的新功能「影音號」,大陸稱為「視頻號」,這是微信為了配合短視頻時代所設計的新功能,因為朋友圈的動態只能放 15 秒的影片,如果要增加更多內容,你可以把錄製好的短影片上傳到這裡,吸引粉絲注意力,我會在後面的內容中,分享如何錄製短視頻的方法,這裡只先開個頭。

掃描的功能我想我不用解釋了,再來是「看一看」,看一看就是點進去看別人的文章發表,原則上須要有公眾號才能發布,沒有公眾號的朋友可以去申請一個公眾號,教學資源我都有發在前面的懶人包裡面;「搜一搜」就是搜尋功能,好像 Google 的查詢一樣;「附近的人」就是認識附近的人,如果你對附近的人有興趣,就可以利用這個功能去認識他們。

▲ 發現功能列中的「朋友圈」

最後一個是「小程式」，點進去你會發現有許多實用的功能唷！就好像 App 一樣，常常會有更新，我分享幾個我常用的小程式給你們，只要操作上手，它們都可以成為你的營銷利器。

微信中超好用的小程式

傳圖識字

顧名思義就是可以把拍到的畫面上的文字變成可以編輯的檔案，不用一字一字打出來，我之所以推薦是因為它的翻譯非常精確，省下許多後製的功夫，但是操作有點複雜，我在下面放幾張圖給各位看看。

操作是這樣的，按下開始拍攝之後，對準你想要編輯的文字拍攝，然後點選想要複製的內文，如果是全部可以按左下角的全選，最後按複製文字，就可以把文章複製下來，然後再找個後製的平台貼上，就可以修改編輯這段文字了。

▲傳圖識字操作介紹

🛜 西瓜工具——去水印

這個小程式可以幫我們去水印，有時候我們需要用到別人的素材，又不希望上面出現別人的 Logo，這時候就能用這個 App 幫你去水印，方法也很簡單，大家可以看看下方截圖。

▲西瓜工具——去水印操作介紹

🛜 易企秀 H5 製作

它算是一個簡易的銷售頁製作的小程式，只要把活動的文案、音樂放在裡面，馬上就能生成一個高質感的銷售頁，許多企業都有在用，加上裡面有很多的素材可以選擇，所以在這邊強力跟大家推薦這款好用的 App。

▲超實用的廣告頁線上生成器

⚡ 微信的通訊錄

接下來我們探討通訊錄的部分，微信的通訊錄跟Line的通訊錄有幾個不太一樣的地方，可以參考下頁的圖示。

進到通訊錄後，畫面最上面出現的是「新的朋友」，點進去可以查看有誰加你好友，你可以考慮要不要通過，畢竟有些人單純是來騷擾的，對你的事業發展沒有什麼幫助；反過來，你也可以透過這裡新增好友。

接下來是「群組」，就是你的微信群，你可以把重要的群組儲存在這裡，幫你做個標籤管理，當你的群組過多的時候，善用儲存可以快速地幫

你找到較重要的群組。

再來是「標籤」，就是把你的微信好友依關係、區域性、教育程度、消費程度等屬性加上標籤，當你有針對某群組有關的訊息，你可以直接透過這裡找尋相關名單。

「官方帳號」就是公眾號，你可以在這裡找到許多企業品牌的公眾號，學習他們的資訊，如果你自己有公眾號，你也可以上傳，讓別人來搜尋你。

最後一個是聊天的欄位，因為微信的訊息量大，有時候我們想要找到一些聊天紀錄或群組，要花上一些功夫，這裡有「關閉新訊息」、「對話置頂」、「儲存到通訊錄」等幾個功能可以善用，我把截圖貼上來：

▲聊天內的功能頁面

　　把這些功能打開後，就會在聊天優先看到你想看到的訊息，比較方便，至於一些比較無關緊要的訊息，也可以把它關掉。

▐⚡ 線上招商

　　接著我們來聊聊微信線上招商的部分，線上招商已經是大陸微商必備的技能，因為他們辦實體招商的難度比我們台灣高很多，線上招商可以省下很多的成本與心力。

　　這個流程是這樣的，首先建立一個微信群，然後邀請核心幹部跟粉絲進群，再定時定點分享項目的內容，一般來說晚間七點到九點，是最多人可以線上同步學習的時段，講課的時間盡量不要超過一小時，因為講太久，粉絲容易失去耐心，或是因為手邊有事而需要提前離開，令你的效果打折，微商講師最好在 50 分鐘內就把重點都講得一清二楚！

　　講師在正式講課前，要先有一個主持人開場，就像一般實體活動一樣，會有一個主持人負責帶動氣氛進行暖場，也負責介紹講師的身分，引導出場，這時候介紹得好的話，很容易讓線上觀眾對講師產生好感，進而萌發信任感，所以主持人很重要。講課的過程中要注意秩序，我就遇過現場有人趁機發廣告、發表一些不當言論，或者提出疑問，打斷講師說話的情況，這時候主持人都要負責協助，因為講師在講課的時候是不能被打擾

的！

　　我曾有過一次對 8 個微信群講課的經驗，同時在線收聽人數超過 3,000人，我講的每一句話都會被轉發到其他的群組，但是聽眾不知道哪個群組發生了什麼事，講師也不能因為受到干擾而改變演講的內容，因為有些學員可能當下無法在線學習，會晚點或隔天回去重新聽課。

　　還有一次，我跟當時的團隊經營了380 群，每個群的人數約 400 人左右，因為有些人會退群，大致算下來，我們累積了大約 15 萬的粉絲。

　　這麼龐大的群組數是這樣來的，首先從第一個群組開始邀約，因為微信官網有限制，一次最多只能邀約 40 人，所以大家先一起努力建立第二個群，邀滿 500 人後，就讓邀約人數最多的人當那個群主，接著再去建立下一個群組，幾年下來，就發展到了現在的規模。

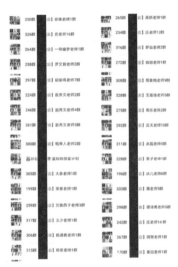

▲ 當時和團隊共同經營的 380 群

　　也許你會問說，如果微信沒有這麼多好友怎麼辦？這或許也是其他人會遇到的問題，所以我才用這種合作的模式來共享人脈。人際關係大師哈維‧麥凱（Harvey Mackay）曾說過一句名言：「建立人脈關係就是一個挖井的過程。你付出的是一點點汗水，得到的是源源不斷的財富。」

　　在大陸「分享」是一個必備的技能，如果你不願意分享你的資源，那麼你就注定會被淘汰，財團跟財團都選擇合作了，我們個人又如何能孤軍奮戰贏得勝利？我在前面已經分享了很多資源，你去上面找尋，一定可以

解決名單不足的問題，其實你已經知道可以怎麼做了，現在問題在於你「做」了沒？

每次建立完一個新的 500 人的群組，我們就會邀請一位核心講師在群裡分享他的人脈共享計畫，只要有人願意參與，付出行動，表現突出的人我們會推派他當下一個群的群主。這招倍增粉絲的作法，比你去買什麼營銷軟體來得更安全、快速、有效。事實上，我也是用這招發展大陸市場的。那麼要去哪裡找這樣的團隊呢？當然你也可以自己去找，但是專業的事建議還是交給專業的人來做，我們只要負責出錢，享受成功的果實就可以了。所以歡迎你寫 E-mail 跟我聯絡，我可以為你提供一些協助。

⚡ 15 個對你有幫助的營銷思維

最後，我想跟各位分享 15 個最新營銷思維，正確的營銷思維比任何方法策略還要重要，我整理了以下最新的營銷思維給大家參考：

1. 傳統營銷思維把客戶當「獵物」，營銷過程當中有殺單、逼單等方法；社群營銷則是把客戶當「夥伴」。

2. 傳統營銷思維目的只是為了賺客戶的錢，始終惦記客戶的口袋；社群營銷自始至終的中心思想便是為客戶提供價值！

3. 傳統營銷思維是一種「粗放式」的營銷，好比是用霰彈槍打鳥；社群營銷是一種「精細化」營銷，好比用雷射光束來瞄準！

4. 傳統的營銷思維是一種粗暴的營銷，一進群就發廣告做秒殺，一加上微信好友就拼命地刷朋友圈群發廣告消息；社群營銷卻是一種有溫度的、人性化的營銷！

5. 傳統的營銷是單向說服；社群營銷是一種多向和雙向的互動，追求共好雙贏！

6. 傳統營銷以產品為王，以推銷產品為主；社群營銷以人為主，推銷個人品牌為主，「順便」帶出產品及服務！

7. 傳統的營銷是流量為王；社群營銷則以留量為王。

8. 傳統的營銷是賣產品；社群營銷是賣圈子賣社群。

9. 傳統的營銷是一錘子買賣，成交後便一拍兩散；社群營銷是緣定終身，挖掘客戶終身價值。

10. 傳統的營銷以管理命令為主，恨不得把全天下所有的禁止命令全部都放到群規裡面。要知道，水至清則無魚，人至察則無徒。要求太嚴，誰還會在這個群裡面發表意見；社群營銷則是以賦能教導為主。

11. 傳統的營銷是賣功能、賣參數、賣價值；社群營銷是賣「價值觀」。

12. 傳統的營銷注重線下會議式營銷；而新一代的營銷是以社群直播進行一對多批發式成交。

13. 傳統營銷當中，營銷人員的角色是「商家」；社群營銷當中，營銷人員的角色是「專家」。

14. 傳統營銷的執行者是「銷售員」；社群營銷的執行者是「用戶關係運營者」。

15. 傳統的營銷思維客戶是上帝，所以營銷人員以客戶為尊；而社群營銷則是跟客戶結伴同行，雙方是平等關係。

▼傳統營銷與新社群營銷 15 個思維差異

	傳統營銷思維	新社群營銷思維
1	把客戶當獵物	把客戶當夥伴
2	以賺錢為目的	提供客戶價值
3	亂槍打鳥	客製化營銷
4	硬廣告取勝	情感、溫度取勝
5	單向說服	雙向互動
6	產品為王	人性為王
7	流量為王	留量為王
8	賣產品	賣社群
9	鎖定單次推銷	鎖定終身價值
10	管理命令為主	指導貢獻為主
11	賣產品功能	賣產品價值觀
12	線下營銷	網路社群營銷
13	身分是商家	身分是專家
14	銷售員視角	運營者視角
15	顧客是上帝	顧客是夥伴

　　以上的分享，不知道對你有沒有幫助？最後提醒各位，天底下沒有最好的辦法，但是一定有更好的辦法。我不會說我的作法是最好的，我只是分享我的作法給你們參考，如果你們覺得有更好的辦法，也非常歡迎你們寫信過來交流。

　　下一章開始，我會跟各位分享社群營銷的心法篇，接下來才是這本書的重點所在，也是我真正想教給你們的內容，所以趕快翻開下一頁，繼續閱讀吧！

PART 3

社群營銷成功的魔法

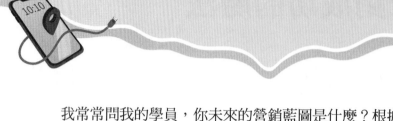

規劃你的營銷藍圖

　　我常常問我的學員，你未來的營銷藍圖是什麼？根據回答的內容我粗分為三種人，第一種人可以講很多很多，而且講得井井有條，當我問為什麼要這麼做的時候，可以有條有理地回答我。第二種人也會講很多很多，但是講得很模糊，一旦追問細節的時候，回答得更籠統。最後一種人，對問題毫無概念，完全說不出個所以然來。

　　我常常舉 101 大樓平地蓋起的故事。請問各位，101 大樓在開始建的時候，是先蓋一層樓，蓋完之後覺得上面還有空間，才考慮再往上蓋第二層、第三層樓呢？還是在開始蓋之前，先請設計師規劃設計圖，再準備所需的材料、運送器材，最後按照設計圖一層一層蓋上去呢？答案當然是後者對吧！

　　如果連 101 都有它的藍圖了，那你的人生是不是也該要規劃一張清晰明確的藍圖呢？你知道自己五年後要做什麼嗎？一年後要做什麼？一個月後要做什麼？一個禮拜後要做什麼？甚至於，你是否知道今天晚上要做什麼？

　　很多人無法完成他的夢想，是因為他不知道他的夢想是什麼畫面，所以他一直在做一些跟夢想沒有關係的事。上班是我們的夢想嗎？我想不是，上班只是你在幫助你的老闆完成他的夢想！

馬雲在創業初期的時候，什麼資源都沒有，但是當時他就設定三大目標：

1. 我們要建立一家可以不被淘汰的百年老店
2. 我們要幫助中小企業賺錢
3. 我們要成為全球網站前十名的電子商務平台

當他好不容易遇到孫正義坐在他面前的時候，他把他的這個夢想告訴孫正義，孫正義才決定投資他的，因為他從馬雲的身上感受到熱情，事實證明，孫正義當年的投資結果是完全正確的。

世界潛能激發大師安東尼‧羅賓曾說：「沒有一個熱血沸騰的目標，痛苦就會趁虛而入。」你喜歡你的夢想嗎？你渴望完成你的夢想嗎？想像一下，當你完成了你的營銷藍圖之後，會是什麼樣的畫面？你會得到什麼樣的成就？你身邊的人會怎麼看你？那些討厭你的人，他們又會怎麼嫉妒你呢？

另一個無法實現夢想的原因是因為沒有動力，講白話一點，就是安於現況，待在自己的舒適圈裡。

從過往的統計來看，成功的人他們之所以成功有很大一部分是為了要逃離過去，因為過去太痛苦了，他們可能負債、想要輕生、從小父母離異、可能有許多的痛苦長期困擾他們，終於因為受不了了，而下定決心一定要改變自己的未來！

亞洲知名的演說家梁凱恩曾經患有憂鬱症，中學唸了九年都沒有畢業，兩度嘗試自殺失敗，還落魄到去擺地攤，晚上常常跑給警察追。有一天他與交往多年的女友分手了，對方告訴他說：「我們在一起沒有未來，你給不了我想要的一切！」

遭受到一連串的挫折與打擊，有一天他再也受不了，告訴自己一定要成功，絕對不甘心自己一輩子就這麼結束，他要證明女朋友說的話是錯的，他要證明自己絕不是一無是處的人！

於是他開始不計一切代價地追求成功，到處拜師學藝。二十多年來，他創造了一連串不可思議的紀錄，其中比較有名的就是在 2010 年舉辦上海5 萬人的演講會、單場招商會創下了 3.04 億人民幣的銷售奇蹟，以及 2016年站上鳥巢 8 萬人的體育館演講等等。

這就是想要逃離痛苦的力量！比起社群營銷的技巧策略，我更想分享給你的是成功的心法，曾經有學員跟我說：「威樺老師，我知道我一定要成功，但是我沒有這樣一定要的決心！」我只回了他一句：「也許改變你的轉捩點還沒到。」

「我不會花一秒鐘去改變任何一個人，除非他自己一定要改變。」這是世界潛能激發大師安東尼‧羅賓的名言。沒有需求動機的人，我們也愛

莫能助，只能祝福！

　　曾經跟許多世界大師學習的我，現在習慣了每一年要給自己一個全新的目標，新的一年裡都要做自己從未做過的事，包含學習公眾演說、寫書出書、站上國際舞台、上雜誌、電視節目、與更多更優秀的人合作……這些都是我全新的目標，如果每一年都做一樣的事，一年之後一切都沒變，只是老了一歲，你有多少的一年可以荒廢？你的父母有多少個一年可以等你？你的子女、另一半，又有多少個一年可以等你？一年過了又是新的一年，但每一年也都曾是新的一年啊！

▲2020 年 2 月我第一次站上國際舞台演講

　　這裡我跟各位分享一個規劃營銷藍圖的公式，管理學上叫做 SMART 原則。哈佛大學曾對它商學院學生做過一項調查，研究結果發現，有 3% 的人對未來有清晰且長期的目標，後來都成了社會各界的頂尖成功人士；10% 的人目標清晰但比較短期，也都成為各行各業中不可或缺的專業人士。

想成為這 13%，生活在社會的中上階層，就看你有沒有制定明確的目標並達成它！

⚡ SMART 原則

是由以下五個英文單字的縮寫組成的，這五項標準被用來衡量你的目標設定是否有效。

Specific——明確性

Measurable——可衡量性

Attainable——可達成性

Realistic——現實性

Time-based——限時性

📶 明確性（Specific）

所謂明確性，就是要具體地說明要達成的行為標準。目標必須是明確的、具體的、可產生行為導向的。有了明確的目標，才會為行動指出正確的方向，少走彎路。如果漫無目的，或目標過多，則會使目標不明確、不具體，從而阻礙了我們的前進。

📶 可衡量性（Measurable）

可衡量是指目標可以被量化，量化的意思就是你要達成這個目標時，需要花費多少時間、金錢、努力等等這些數據。制定目標是為了進步，無法衡量就無法知道是否取得了進步。所以，你必須把抽象的、無法實施的、不可衡量的願望具體化為實際的、可衡量的目標。

可達成性（Attainable）

有效的目標應具有一定的挑戰性，太容易的目標會讓人失去鬥志。作為前進目標的「果實」，一定要超越伸手可及的距離，必須要跳起來才搆得著的「果實」才會有吸引力！因此，根據自己的能力設立具有挑戰性和可達成的階段性目標，才是明智之舉。

現實性（Realistic）

現實性指的就是在現實條件下目標要可行性或是可操作性。一個月薪3萬的上班族，訂了一個要在3個月內賺到100萬的目標，可能就不夠現實。不能實現的目標就不是有效的目標，因為它無法達成。

限時性（Time-based）

設立目標時必須要考慮實現目標的時間要多久，因為沒有時間限制的目標容易被拖延，也沒有辦法考核是否達成；也有一些目標，雖然限定了時間，但實際操作起來卻很困難。

3-2

找到一個好教練

　　完成你的營銷藍圖之後，再來就是要找到一個好教練，如果沒有人教你，你就不知道怎麼去完成這些夢想藍圖。我上過許多的課，認識許多偉大的企業家、領導人，發現他們都有一個共同的特質，都有一個教練！

　　為什麼我要花大筆的時間與金錢去上課學習？因為我要知道他們成功的關鍵是什麼。這裡我要再次提到王晴天董事長，感謝他給了我這個機會，讓我加入魔法講盟，讓我有機會更加成長茁壯。

　　王晴天董事長是美國加州大學博士，台灣補教界巨擘，深入研究「LT智能教育法」，榮獲英 City & Guilds 國際認證，被譽為台灣最有學問之儒商，是個飽讀詩書的全方位國寶級大師。勤學之故，家中藏書高達二十五萬冊，並在歷史、創意、教育、科學等範疇都有鉅著問世。

　　由於豐富的人生閱歷與廣闊視野，曾多次受邀至北大、清大、交大等大學及香港、新加坡、東京及國內各大城市演講，獲得極大返響，現為北京文化藝術基金會首席顧問，是中國出版界第一位被授予「編審」頭銜的台灣學者。並榮選為國際級盛會馬來西亞吉隆坡論壇「亞洲八大名師」之首。

　　他在 2009 年受邀亞洲世界級企業領袖協會（AWBC）專題演講。並於2010年上海世博會擔任主題論壇主講者。2011年受中信、南山住商等各大企業邀約全國巡迴演講。2012 巡迴亞洲演講「未來學」深獲好評，並經兩

岸六大渠道（通路）傳媒統計，為華人世界非文學類書種累積銷量最多的本土作家。

2013年他發表畢生所學「借力致富」、「出版學」、「人生新境界」等課程。2014年受北京華盟獲頒世界八大明師首席尊銜。2015年為「世界八大明師會台北」首席講師，以「眾籌」等課程名聞於兩岸。2016和2017年主持主講多場高水準之讀書會，藉由其專業的知識轉述，成為台灣最知名的知識服務大師。

我跟王晴天董事長是在2017年認識，當時他已是兩岸非常成功的企業家，而我不過是一個默默無名的素人。就因為我跟世界行銷大師傑・亞伯拉罕學習行銷策略，並將之運用在我的網路事業上，才引起他的注意。

因為工作的關係，我常常會有機會聽到他的演講，我發現他的演講非常有內容，他常常無私地分享他經營企業的成功之道，以及一些對人生成長很有幫助的內容，讓我佩服不已。2020年我結束了上一家公司的合約之後，來到魔法講盟找王晴天董事長，兩人相談甚歡，我也因此成為了魔法講盟新任的行銷長。

這就是我與我的貴人王晴天博士的相遇過程。你找到你的人生教練了嗎？如果還沒有，歡迎你加入我們魔法講盟，我們提供培訓、舞台、平台與導師、大師群，讓你成為下一個魔法的見證者！

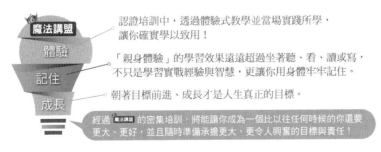

3-3

掌握趨勢資訊

「為什麼我的產品這麼好，卻沒有人要買？」

「為什麼我講的話都沒有人要聽？」

「為什麼他的口才比我差，生意卻做得比我好？」

你有曾經問過自己類似的問題嗎？

曾經有學員問我：「我不知道怎麼吸引客戶的注意力、不知道為什麼對方都不聽我說話。」我給了他兩個方向：「第一，你要掌握趨勢；第二，你要了解時事。」藉由趨勢、時事切入，因為這些都是當下的熱門話題。例如我之前提過，抖音行銷就是未來的趨勢，因為現代的消費者不喜歡長篇大論，他們想知道最快速有效的解決方法。

大陸有一位美妝博主，名叫李佳琦，因為他是金氏世界紀錄最快塗好口紅的保持者，因此被網友暱稱為「口紅一哥」。他曾在直播中，創造出一分鐘內賣出 14,000 支唇膏的驚人紀錄，即使是當紅明星也未必能有如此大的銷售能力。他還有另一個不可思議的紀錄，就是他曾跟馬雲比賽賣口紅，結果竟然連馬雲都賣不贏他！

一聽到口紅銷售，不少人都會先入為主，以為「李佳琦」是一名女性銷售業務。錯了，李佳琦是一位不到 30 歲的超級男性網紅，他長年活躍在

淘寶直播和抖音平台上。只要是他試過的唇膏，銷量都會不可思議地成長，網友因此稱他為「口紅一哥」。

2018 年 11 月 11 日，馬雲和李佳琦相約一起做美妝直播，目的是宣傳大陸一個品牌的唇膏。雖然馬雲是做生意的天才，大家也以為馬雲勝券在握，殊不知美容保養這方面的影響力卻遠遠不及李佳琦。

在直播活動結束之後，結果令眾人跌破眼鏡，李佳琦賣出了 1 千多支唇膏，但馬雲只賣出了 10 支唇膏。雖說李佳琦的帥氣樣貌替他吸引了不少女性粉絲，但最重要的還是他獨特的直播風格，以及多年來積累的專業彩妝知識。

李佳琦現在是在抖音上坐擁幾千萬粉絲，年收入超過千萬人民幣的網路紅人。但在成為網路直播主之前，他也只是個一般的專櫃化妝師，月入約 3,000 人民幣。他畢業於舞蹈專業，卻對跳舞不感興趣，反而對女性彩妝充滿好奇，所以選擇到 L'Oreal 專櫃旗下當一名彩妝師。

公司後來舉辦了一項活動，希望選出一些能說會道的化妝師，把他們打造成下一位網紅，當作公司招牌。李佳琦抓住了機會，在活動中拔得頭籌，也改變了他往後的人生道路。

一開始，李佳琦直播的觀看人數不到幾百人，但他並不氣餒，藉由一次又一次的活動鍛鍊他的直播魅力，他的風格吸引了一大群女性觀眾，讓他每次的觀看人數節節上升，後來甚至有十幾萬人次的追蹤。李佳琦除了定時進行直播外，也會出席不同的品牌活動、雜誌專訪等等讓自己大量曝光。

李佳琦能夠成功，背後付出的辛苦應該不是我們所能想像的，每一支唇膏他都要親自試用過，才會推薦給觀眾。成為網紅，是他私下默默努力

付出的結果。他在某一次的口紅直播中，一次試用了 380 支的口紅，為了將口紅的效果完整呈現給觀眾，試完後他都會仔細卸掉再塗上新的，這個舉動也讓他的唇部嚴重撕裂，連吃飯都十分疼痛。

李佳琦的努力是成功的關鍵之一，但是我覺得更重要的一點，是他成功抓住了趨勢。很多人很努力，卻不見得成功。因為他可能少了一些助力或資源，或者是他努力的方向錯了。如果李佳琦發展的地方不是大陸市場，而是其他國家，他會得到一樣的結果嗎？我想答案是不一定。

想了解更多李佳琦的故事可以上網搜尋他的名字，也可以關注他的抖音。我接下來要分享 2018 年我與趨勢投資大師吉姆・羅傑斯學到的未來趨勢走向，這幾個趨勢在未來會大大地改變人類的生活，就像當年 iPhone 跟 Windows 改變世界一樣。

🔋 改變未來的 5 大趨勢

📶 物聯網

物聯網是透過網際網路，讓所有獨立運作的物體產生互聯互通互動的技術。未來每戶家庭將走進居家智能的生活方式，透過物聯網，查出物體的具體位置，也可以遠端控制這些機器、裝置，甚至人員。物聯網應用範圍極廣，包含運輸和物流、工業製造、健康醫療領域、智慧型環境（家庭、辦公、工廠）領域、個人和社會領域等等，只要有網路，物聯網就能存在。

🛜 3D 列印

3D列印是指利用打印機列印出三維物體的技術，主要原理是用電腦控制將材料一層層堆疊，形成立體的效果。只要有三維模型或數據，就可以列印出任何形狀和幾何特徵的三維物體，因此 3D 列印未來有無限的發展潛力。

🛜 區塊鏈

區塊鏈（Blockchain）是藉由密碼學串接起來並保護資料內容的串連文字紀錄（亦稱之為區塊），可以解釋為將一個一個「區塊」「鏈」（連接）起來的意思。

區塊鏈其實是一種去中心化的資料庫，也可以說是一種公共紀錄的機制，可以想像成它是一本位於網路上公開的公共帳本，由網路上的所有用戶共同在帳本上記錄與核帳，因此具有資訊的不可篡改性。

說得更簡單一點，區塊鏈可視作進化版的帳簿或紀錄，而這本帳簿稱為「分布式帳本」，讓所有得到授權的參與者不需要透過中介，都可以直接使用查詢。區塊鏈就是一種利用「去中心化」和「去信任化」方式集體維護一本帳本的可靠性技術方案。

舉例來說，假設 A 想付錢給 D，必須經過中心機構 O（銀行或政府），如下圖所示：

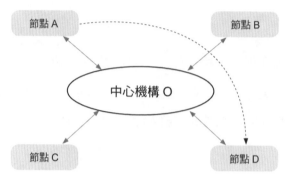

▲中心化交易示意圖

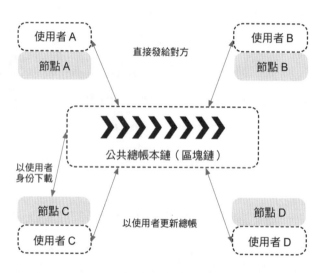

▲去中心化交易示意圖

這本帳本為系統中所有的用戶端（節點）所共享，系統每經一次交易，交易訊息就會被記錄至每個節點，並由節點上的用戶進行驗證和更新紀錄。節點和節點之間的關係是平等的，不存在中心化的服務節點。這種機制也確保了假如有節點關閉或退出，也不會影響其他人帳本資訊的完整性。

目前區塊鏈技術最為人熟知的運用就是數位貨幣，例如比特幣，任何一個帳戶都可以計算出它目前所擁有的金額數量，比特幣位址就等於是你的帳戶，比特幣的數量則相當於你的金額。

大數據

智慧時代的來臨，人手都有一支以上的智慧型裝置，人們的行為模式都有數據紀錄，而業者可以有效利用這些數據做精準行銷，快速找出消費者的需求並提供服務。例如臉書廣告、抖音廣告或 App 等，都會專門蒐集消費者的數據並做出相對應的方案。

掌握客戶消費數據就等於掌握財富，我們應該想方設法多去了解一些客戶的需求才是致富之道。

智慧型機器

智慧機器人在未來將會取代人力，為社會提供更多服務，這是無庸置疑的。AI 智慧的研發讓社會快速改變，原本人們不相信這些無感情的機器能夠真正有效取代人力，直到 2016 年 Alpha GO 打敗韓國棋王之後，正式宣告 AI 的時代來臨。

現在許多餐廳、飯店、銀行等場所正一步一步引入 AI 智慧系統，未來將解決更多人們的各類需求。

▲ 跟世界級的趨勢投資大師
吉姆‧羅傑斯學習趨勢判斷

學會借力使力

一個人打不過一群人，你同意嗎？

現在是打群架的時代。成功學大師卡內基曾說：「成功85%靠人際關係，15%靠專業能力。」根據ESBI法則，我們在這世界上生存要不就是依靠別人賺錢，要不就是自己創業賺錢。但是創業成功一定是有眾多的因素加在一起，你相信嗎？

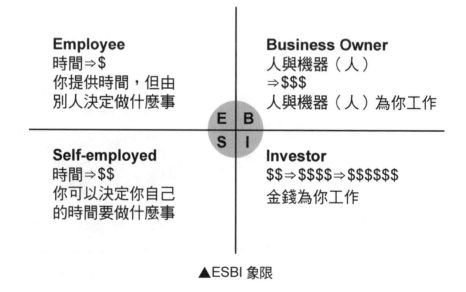

Employee
時間⇒$
你提供時間，但由
別人決定做什麼事

Business Owner
人與機器（人）
⇒$$$
人與機器（人）為你工作

Self-employed
時間⇒$$
你可以決定你自己
的時間要做什麼事

Investor
$$⇒$$$$⇒$$$$$$
金錢為你工作

▲ESBI 象限

世界理財大師羅伯特・艾倫提出一個理論——浴缸理論。他是這麼形容的：「創業就好像浴缸一樣，你必須具備所有的能力，包含銷售、行

銷、團隊領導、合作、懂得借力使力等技巧，才有辦法留住財富。否則你就算賺到了財富，也不一定留得住。」這句話是什麼意思呢？想像一下，今天你準備了一個浴缸來裝水，如果這個浴缸有破洞，那麼它裝的水能不能留得住呢？答案是不能對吧！只要有任何一個破洞存在，你就留不住這缸水，所以又被稱為「短板效應」。從這個理論來看，在創業的發展過程中，「浴缸」的完整度決定了其整體發展結果。就好比一件產品品質的高低，取決於那個品質最差的零組件，而不是取決於那個品質最好的零組件。創業成功的整體素質，不是取決於你最強的優勢特質，而是取決於全方位的綜合能力。綜效才能讓你創造財富，同時留住財富。

但不是每一個人都是十全十美，樣樣能力都很強，所以懂得借力使力，是我們在商場上生存的必備技能之一。不懂銷售，就去找銷售老師學習；不懂營銷，就去找懂營銷的老師學習；缺乏人脈、要賣的項目、行銷管道、發揮的平台等等，就去找能補足你匱乏的專家或組織；學會借力使力才能讓你事半功倍！

2018 年由王晴天博士率領 24 位弟子群成立了「全球華語魔法講盟」（簡稱魔法講盟），至今已是台灣數一數二國際級的培訓機構，專門提供知識型的服務。當初，許多培訓機構都有開辦「公眾演說」的課程，結訓完的學員都有一個困擾：就是不論你多會講，拿到了再好的名次、再高的分數，結業後你還是必須要自己尋找舞台，也就是要自己招生！然而其實招生跟上台演說是截然不同的兩個領域，培訓開課其實最難的事就是招生，畢竟要招到幾十位，甚至上百位學員免費或付費到你指定的時間、地點，聽你講數個小時，是相當有難度的一件事，即便課程免費也一樣。

別人有方法，我們更有魔法！
別人進駐大樓，我們禮聘大師！
別人有名師，我們將你培養成大師！
別人談如果，我們只談結果！
別人只會累積，我們創造奇蹟！
台灣最大、最專業的開放式培訓機構

　　這是我們魔法講盟自我期許的使命感！我們提供豐富的資源給所有想創業成功的夥伴們。

　　一個觀念，可改變一個人的命運！一個點子，可以創造一家企業前景！然而，許多優秀的講師，參加了培訓機構的講師訓練結業後就沒了後續的舞台，也有許多傑出的講師，從講師競賽中通過層層關卡，脫穎而出，得到了好名次，然後呢？就沒有然後了。大多數人共同的問題就在沒有「舞台」。有感於此，王博士認為專業要分工，講師歸講師，招生歸招生。所以魔法講盟透過代理國際級的課程，像是前面剛剛提到的區塊鏈授證講師班、WWDB642、BU、春翫、秋研等，讓魔法講盟培訓出來的講師直接授課。搭配專屬雜誌與影音視頻之曝光，強化講師形象，增加曝光與宣傳機會，再與台灣最強的招生單位合作，強強聯手，全面席捲整個華語知識服務市場。

　　有一個真實案例是這樣的，美國的亞馬遜公司應該大家都聽過，在1996年，有一位新聞記者威廉‧泰勒（William C. Taylor）訪問亞馬遜網路書店的創辦人兼首席執行官傑佛‧貝佐斯（Jeff Bezos），當時亞馬遜網路書店才創辦剛滿一年，但它確實是當年全球增長最快速的公司。

　　貝佐斯原本是華爾街股票交易人和演員，同時他也是一名快速成長公司 D.E.Shaw & Co. 的高級行政長官，有一天一則報導吸引了他的注意，據報導，網路的年增長率為 2,300%，他心想：「任何東西只要增長地如此迅

速，那麼，它一定會在短時間內充斥到各個領域。」於是貝佐斯辭去在D.E.Shaw & Co. 的一切職務，在他 32 歲的時候開始鑽研如何利用網路社群淘金，他研究後得到一個結論：利用網路進行零售將會是營銷史上必然發生的大事，並且在網路上進行商品銷售將是人類進入網路時代的一個大的潮流，而運用網路賣書將會是這個潮流中最先發生的事情。

之後貝佐斯移居到西雅圖，號召所有的股東爭取數百萬美金，然後便開創了這個世界上最大的網路書店亞馬遜。自從亞馬遜網路書店在 1995 年營業以來，迅速成為網路銷售成功範例的典範。貝佐斯說：「當 1994 年網路第一次吸引我的注意力的時候，我立即列出 20 種我認為適合在網路銷售的產品，其中包括書籍、音樂唱片、電腦軟體和硬體等等，最後我選中書籍。原因是書籍種類非常多，據統計光是英文的印刷書籍就有 150 萬種。如果加上其他各國語言的版本，總共有超過 300 萬種。

光是書籍的數量就能讓人看到閃耀的商機。但是我還看到，世界上最大的地面書店最多藏書也就是 17 萬 5 千種。然而我們卻有 100 萬種，這是實體店鋪根本沒有辦法做到的！如果今天大家把亞馬遜網路書店所有品項的書籍名單列印出來，然後編成一本書，那這本書的厚度會是 7 本紐約市電話本的厚度。所以，網路書店是唯一能夠把幾乎所有書籍收藏在同一個空間的作法。」

大家是否明白我講這個故事的目的？如果不明白，請你再閱讀一次。當時貝佐斯獲得一個靈感，於是馬上採取行動。他辭掉工作，搬到離自己家很遠的地方，然後去完成他的夢想。他這樣做當然有一定的風險，但他最終獲得了名利和財富！

現在我將要告訴你貝佐斯在社群網路上賺錢的模式。祕訣就是「聯盟

行銷」，聯盟行銷是我所見過的應用網路淘金的一個可以無需本錢而賺取超高回報的好方法。

這裡簡單跟大家介紹一下聯盟行銷這個模式，聯盟行銷簡單來說，就是尋找其他夥伴，幫你推廣你的商品或服務，找的對象通常是知名的部落客、網紅，或具有一定影響力的個人，請對方在他們個人的社群網站上宣傳你的項目，一旦這些推廣有收到效益或成功的話，再跟這些推廣夥伴們分享利潤，所以又被稱作夥伴計畫。

1996 年，亞馬遜為了盡快打入市場，推出 Associate Program 計畫，特別邀請成員加入夥伴計畫，替它推廣平台上的商品，並承諾給予相對應的獎勵回饋，藉此替網站打開知名度，帶來大量的流量，當然營業額也快速飆升。這是最早為人知曉使用聯盟行銷手法的記載。

借力使力的範圍及成功案例非常廣泛，就算出一本書都不見得能完整的描述，如今網路發展無遠弗屆的情況下，唯有加強這個能力，方能取得更多的可能性。

3-5
如何設計引流贈品

接著我們來討論下一個部分，就是如何設計一個吸引人的贈品，在這裡我分享一個我最常用的方法——設計一個電子書。

一般企業設計贈品的時候都會考慮到成本問題、庫存問題、運送問題、實用問題、投資報酬率問題等等，像我們集團旗下的出版社更是如此，所以設計贈品也是一門學問，好的贈品可以幫助企業做好口碑，吸引更多消費者來我們的魚池。

但是如果是一般中小企業主，可能沒有辦法負擔太大的經濟支出，例如設計一本書當贈品，可能就需要編排設計、校對內容、找廠商印製裝訂，甚至配送延伸出的運費，林林總總加起來成本可不低。而拿筆或衛生紙當贈品，效益也不高。所以在這裡，我跟大家推薦我最常用的引流贈品就是「電子書」。

為什麼是電子書？因為它解決了設計引流贈品會遇到的 99%的問題：零成本、高價值、無庫存問題、無運送問題、傳遞方便、環保又不會浪費社會資源。

電子書的內容要寫些什麼呢？當然是要跟你的事業有關的內容，讓人看完之後想買你的產品，這就是我們寫電子書的目的。如果你不知道如何產出吸引人的內容，可以去逛逛第一章懶人包提到一些網站，基本上那裡

就已經有用不完的知識了。資源、方向、素材都有了，接著我們就來學學如何設計一本電子書吧！

基本上我都是用 PPT 去編排的，因為 PPT 可以轉化為 PDF 檔案，比較不會讓有心人士篡改，雖然還是防不勝防，我甚至在前面的章節也教過破解的方式，但最好的辦法還是分享原創的內容，也就是自己新創的內容。如果我寫這本書裡面都不是我的親身經歷，你們會有興趣嗎？我想不會，要買也是買別人的對吧！所以我常跟我的學員講，要讓客戶是為了你才買你的產品，而不是為了買產品才找你。這兩者差在哪裡？前者是，不管你賣什麼，客戶都支持，因為客戶支持的是你這個人，而不是你的產品；但假如你是後者，那麼人家可以選擇跟別人買一樣的產品，對吧！

我常常在演講中舉安麗為例，安麗是一家很棒的直銷公司，但是同樣的產品有人做到億萬富翁，環遊世界，實現了所有的夢想，有人一個月連個 3 千元的基本業績都做不出來，請問是產品的問題，還是人的問題？

所以同樣的產品一定也有別人賣，如果對方賣得比你便宜怎麼辦？如果對方提供的服務比你還要好怎麼辦？所以你一定要提升自我價值，讓別人為了你而買單，記住馬雲的名言：「四流的銷售賣價格，三流的銷售賣產品，二流的銷售賣服務，一流的銷售賣自己。」

我為了吸引不同族群的網友，常常需要自製不同內容的電子書，這裡我舉「20 個行銷成功的法則」這個電子書為範例，看到名字就知道這是針對對行銷有興趣的人而設計的，在寫電子書的時候也不用過於長篇大論，因為現代人比較沒時間接收龐大的訊息。我跟你說一項發現，我近幾年來發了很多電子書給我的學員，但每當我問他們看完了沒有，半數以上的人都說還沒有。

▲製做電子書「20 個行銷成功的法則」

　　這不是他們的問題，他們沒有「一定要看完」的義務，再加上現代人生活忙碌，又有幾個人能真心坐下來好好學習呢？所以我常常遇到的情況是，學員舊的電子書還沒看完，我就又開始發給他新的電子書了！

　　電子書跟實體書性質是一樣的，吸引人最重要的關鍵在於「標題」。就像你去逛書店一樣，你不可能店裡幾萬本書都拿起來一一翻過吧，像我的習慣是，看到了某本書的標題覺得有興趣才會拿起來翻看，覺得有幫助才會買回家。電子書也是一樣，無論如何都要設計好你的標題！

　　頁數的部分，基本上 10～30 頁就可以了，像我這篇因為內容比較少，總共也才 10 頁而已，而且是任人免費索取，所以拿到的人不太會對內容有什麼意見，只有極少數人看完之後會主動跟我回應較負面的評論。

　　字體的部分，我建議大一點，因為不是只有年輕族群在看，有一些長輩也會看。而且現在人普遍都使用智慧型手機，他們更可能會用手機去讀

電子書，所以字型大小我都建議在 36 以上，讓讀者在閱讀的時候比較沒負擔。

背景的部分可以去 PPT 網站找一些模板，最好是跟主題有關聯的，如果電子書的主題是跟健康有關，放一些女性內衣之類的素材就不太恰當。我希望讓學員看完以後有提升商業競爭力的意識，所以我的電子書都會放一些充滿希望的背景圖。

設計內容的時候，可以在開頭時先自我介紹，因為有些人可能不認識你，所以可以趁這個機會宣傳自己，結尾的時候再放上你的產品或事業廣告，讓人家想進一步地了解你，最後記得留下聯絡方式，如果對方真有興趣，他們就會想辦法聯繫你，我的結尾都會放一些連結，讓他們看看更多我其他的作品。

▲結尾放聯絡方式，方便讀者與你聯繫

每個人的興趣喜好都不同，我們無法得知誰喜歡看視頻，誰偏好用

Line，誰喜歡看直播。所以我習慣把相關連結一起放上去，讓他們挑自己喜歡的 QR code 掃描吧！寫完電子書之後按儲存，再另存成 PDF 的格式，不要讓有心人士篡改、亂使用我們的作品。完成上述步驟後記得備份原始檔，因為你未來還有機會重複使用。事實上，我很多新的電子書都是拿之前的電子書來重新翻寫的，所以留下原始檔有利無害。

　　接著要怎麼把完成的電子書傳給網友呢？一個一個傳嗎？我覺得這作法效率差，若你的粉絲有 3,000 人以上，你就不用做其他事了。我建議上傳到雲端硬碟，然後公布網址，有興趣的人自己連結網址下載，由於雲端硬碟有很多種，我用 Google 雲端硬碟來示範，因為最多人使用的是 Google 雲端硬碟，用這個平台示範比較容易貼近大家的習慣。

▲進入 Google 雲端硬碟畫面

　　首先註冊一個 Google 帳號，然後搜尋 Google 雲端硬碟，進入這個畫面。左上方有個新增扭，點進去之後，點選新增檔案，把你要上傳的電子書檔案上傳就可以了。上傳完畢之後，就可以在電子書圖檔的位置點選右

鍵，然後點選「取得檔案共用連結」。

▲檔案上傳雲端後取得共用連結之畫面

　　接著把連結傳到群組上就可以，有興趣的人就能點開連結看到你的資料了。

3-6

擴大社群人脈

客戶量大是致富的關鍵，世界首富成功的祕密，就是他的客戶量是最大的！

我想你可能已經知道這個道理了，但重點是，如何把量做大呢？是要每天拼命打電話，拜訪客戶嗎？還是每天上街，陌生開發呢？

你知道嗎？這些事我都做過，也確實獲得了一些成效，但過程卻是很辛苦，你可能被拒絕了 99 次，才獲得一次成交的機會。如果你的產品獎金高，也許你會得到一點安慰，如果不高，我想你很快就會受不了！

我寫這本書的目的就是為了幫你快速擴大社群人脈。有錢人用錢買所有的一切，包含健康、財富、時間、自由、夢想等等。但沒錢也有沒錢的作法，最好的辦法就是：混入有錢人的圈子！

 Facebook 的社群擴大人脈法則

臉書已經改變了我們的生活，人們喜歡分享自己的生活到網路上，吸引他人的注意。所以臉書上的好友是越多越好，至於我們要如何透過臉書擴大對我們有益的人脈呢，我就來分享一些法則吧！

首先因為臉書官方有限制，不希望用戶濫用臉書的資源，所以一天加

好友的人數建議不要超過 20 人，過多就有可能被暫時禁止加好友，如果你是新帳號，可能加幾個好友就被封鎖了。所以一天分成早上 10 人，晚上 10 人比較安全，至於加好友的對象要怎麼選擇呢？當然就是對你事業感興趣的人囉！那麼什麼樣的人對你可能感興趣呢？他們又在哪裡呢？我們進一步探討如下：

以我為例，因為我是從事商業類的教育培訓，所以我會去找一些對參加商業培訓有興趣的網友，這些人去哪找？他們就在你的同行競爭對手的粉絲專頁或社團裡。因此你可以去逛逛你同行的網頁，看看底下有哪些人在留言，又有哪些人在按讚，這些都是精準名單喔！

▲左下方按讚的人就是在關注且有興趣的精準名單

我舉這堂課為例，WWDB642 是一套教你如何利用複製的方式打造萬人團隊的系統，主要運用在幫助直銷團隊複製與壯大，讓人人都有機會成為億萬富翁，所以會按讚的網友極可能是在從事直銷事業，或是極度熱愛學習的人，這時候就可以加他們為好友，跟他們互動溝通，他們就有機會成為你的事業夥伴。

所以你可以去競爭對手的個人臉書去找，去粉絲專頁找，也可以去相關社團找，只要打上行業的關鍵字去搜尋，就可以找到源源不絕的名單了。我在這邊錄製了一個簡單的教學影片，如果你想更清楚地了解實際作法，快拿起手機掃描右邊的教學 QR code 吧。

▲ 新手也能學會的臉書精準名單蒐集法

如果你覺得一天加 20 人太少了，你想做快一點可不可以？當然可以，多申請 5～10 個帳號就行。我本人就有 15 個臉書帳號，一天可以加到 300 個精準名單，但是要記得做好管理分類，避免訊息重複發送，也要注意不要使用同一個 IP 的電腦只切換帳號，這些都有可能造成被官方封鎖的風險唷！

⚡ Line 的社群擴大人脈法則

Line 的模式也很簡單，因為每天都會有新的群組誕生，就像全亞洲每天都有新公司成立、全世界每天都有人出生一樣，只要你用心找，就一定能找得到。

我們要擴大人脈就從群組下手，以前的 Line 群組上限是 200 人，現在提高到 500 人，等於你只要找到一個精準的群組，就能坐收好多精準名單。

但問題來了,這些群組在哪裡呢?

第一個方法是去問問你的 Line 好友,看看他們有沒有適合你的群組可以邀請你進去,經過我多年來的觀察,每個人的 Line 一定會有群組,只是適不適合你而已。所以你不是沒有群組,你是沒有用心去找群組。

第二個方式就是打上關鍵字查詢,用這種方式要有一定的訊息量才可以,首先先進入 Line 的聊天欄裡面,最上方有一個搜尋欄,就是左邊有一個放大鏡圖案的欄位,輸入關鍵字「Line.me/r/ti/g」,這是群組的網址,尾端的 g 是 Group 的簡寫。輸入後按搜尋,你就可以看到許多反黃色的標註,那些就是 Line 群組了。有些你可能已經進去過了,但是有些還沒有進去,你可以一個一個檢查。

▲利用 Line 搜尋群組畫面

　　進去這些群組之後，就可以跟裡面的人互動、建立信任感、加他們為好友，甚至可以談合作等等。如果這樣解說還是看不懂的話，我有準備一個教學影片，可以掃描右邊的 QR code 前往複習。

▲ 如何快速找到 Line 群組

　　針對 Line 行銷，我在這邊要推薦一個 Line 行銷大師，他是我最信任的合作夥伴，也是業界知名的網路行銷顧問。他的 Line 行銷每個月幫他創造六位數以上的收入。而且事實上，全台灣到處都有人需要他的協助。所以也常常北中南四處巡迴演講，我特別請他在百忙之中幫我寫一篇專欄，來跟各位分享網路行銷的運作模式！

 講師專欄

網上陌開營銷教練——林彥良

　　大家好，我是原點行銷的創辦人彥良老師。很開心接到威樺老師的邀請，來跟各位分享一些我經營網路行銷的經驗與心法，我跟威樺老師合作一年以上了。事實上，我也幫他和他公司介紹了很多客戶。

　　我個人認為，隨著智慧型手機的普及、網路的升級、Line 等多種社群工具的應用，讓手機創業不僅成為了現實，更成為了一種新的賺錢方式！所以我的名單量非常的大，光百人群組就超過 5,000 個以上，許多企業老闆、團隊領導都找我幫忙，所以我常常在北中南巡迴演說，因為到處都有團隊需要我們這樣的服務。

　　因為事業關係，我用「行銷手機」好長一段時間了，這是一款賺錢用的手機，因為它裡面內建了許多我自創的軟件，可以幫我自動發

廣告給客戶，但是「行銷手機」不是只有發發廣告就會有效果，它必須還要有配套方案，效果才會呈現出來。我整理出三個要素，分別為群組、文案與工具，我稱之為「黃金三角」：

🛜 群組

群組，在業內我們統稱為魚池。也就是客戶名單，你要擁有客戶名單才能把事業產品訊息告訴對方。

🛜 文案

文案，我們又稱魚餌。就像釣客用魚餌釣魚一樣，我們設計的文案是用來吸引精準客戶用的。

🛜 工具

好的行銷工具可以幫你找到大量的客戶。

▲ Line 行銷「黃金三角」

　　Line 行銷要讓客戶源源不絕，就是結合這三點，三個成功關鍵缺一不可，同樣重要，但若要說哪一個多出那麼一點點重要性，我認為是文案，因為文案決定一切，文案是你與顧客唯一的溝通方式。

　　好的文案必須具備三個要素：

1. 注意：引起客戶的注意。

2. 興趣：讓人對你的產品或商機感興趣。

3. 行動：讓人留下資料或是主動聯絡你。

　　文案又分為短文案和長文案，要讓你的訊息能被所有人看到，首先必須寫好你的短文案。

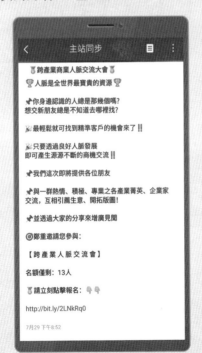
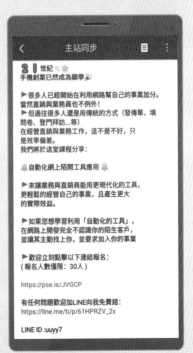

▲ 線上抓潛，線下成交

　　行銷的基本流程如下：別人的魚池→抓潛→成交→追銷→自己的魚池。至於 Youtube 和 Facebook 的影片下載有什麼好處呢？在 Line 的主頁放上宣傳影音並分享出去的話，你的好友就能在 Line 的動態消息看到，而且影音很容易讓朋友願意分享出去，請看下面的圖式範例：

　　馬雲說：「未來最好的生意是流動的店鋪、流動的老闆，而人就是門面，嘴就是營業的窗口。緣分就是顧客，手機就是收銀台，生意就在遊山玩水中接洽，成交就在談笑風生中完成！你若有緣，你就可以早點成為贏家；你若看不起，就只能在家獨守空店房；繼續看不起，永遠來不及！趨勢絕對不會在等所有人都叫好的時候才來，而奇

蹟總是在不認可聲中產生。」

⚡ 實體店面已逐漸被網路取代

　　開一家咖啡店平均要花一百萬的話，你認為需要多久才會開始回本獲利？下面是我周遭朋友的親身經歷，看完後你就知道開實體店真的心臟要很大顆，因為你要承擔相當大的風險！

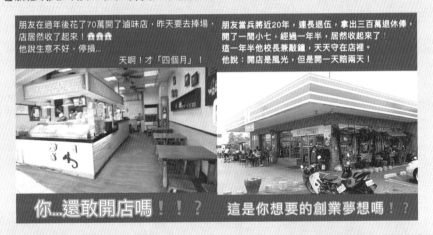

　　讀者們可以掃下方這個QR code去了解一下我的的網路行銷系統介紹，連結如下：

▲ 彥良老師的網路行銷系統

　　所以這個時代一定要學會透過網路賺錢，而有一個實用的行銷工具，就像打造一台自動賺錢機器一般，能讓鈔票源源不絕地流向你。

Line行銷手機對直銷商來說絕對是非常好用的工具，使用的是ASUS ZenFone 5Z 手機，內建 7 大功能：

1. 它可以轉傳文章、Keep、主頁、動態給朋友，最多 1,000 次！

2. 它可以顯示超過 999+限制，以數字（1001）訊息增加！

3. 它可以解除外部資料夾分享圖片 50 張的限制！

4. 它可以解除 Keep 刪除及轉傳 20 次的限制！

5. 它可以解除聊天室傳送圖片 50 張限制，影片 5 部限制。

6. 好友看不見你的已讀「未讀版」。

7. 一鍵自動群發！

▲ 截圖來自 ASUS 官網

擁有工具以後最常見的問題是不會使用，不用擔心，我們提供了以下的售後服務：

1. 如何操作 Line 行銷機器人

2. 如何寫出吸睛的 Line 短篇文案

3. 如何製作「一頁式名單蒐集頁」

4. 如何創建行銷用 Line 分身帳號

5. 如何在 Line 主頁放上你的商業服務

6. 贈送 100 組群組，讓你馬上有魚池

7. 如何在手機內同時安裝多個 Line

8. 帶你加入 Line 線上學習群組

　　如果你渴望擁有源源不絕的被動式收入，想透過網路打造一台自動賺錢機器，歡迎與我聯繫，我將會進一步協助你完成你的人生夢想。

⚡ **WeChat 的社群擴大人脈法則**

　　微信的人脈方式跟 Line 不一樣，最大的不同是：加微信好友必須要對方同意！也就是說，只要對方不同意，你想要一天加 20 個以上的好友，就有些天方夜譚了。而且，微信一天也只能加 20 個好友，你加得太多，就會有被封鎖的機率，我已經親自體驗過了！

　　所以我們要換個方式加好友，最好的辦法就是讓對方來加你。因為這樣你完全沒有被封號的風險。而且會主動加你好友的都是精準名單，你會

很容易就能成交他們！

我在這邊推薦幾個平台，是我以前在找人脈的時候發現的，也許你可以透過這些網站讓精準客戶找上門：

人脈匯聚平台

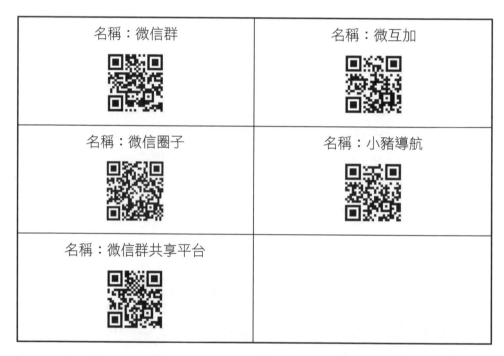

名稱：微信群	名稱：微互加
名稱：微信圈子	名稱：小豬導航
名稱：微信群共享平台	

讀者們可以上這些網站，找尋一些不錯優質的人脈，網站上面都有教學步驟，有的需要付費才可以刊登，就當花錢打廣告，也許會遇到幾個不錯的合作夥伴。

▲這些網站都是找尋客戶和合作夥伴的好平台，也有教學步驟

　　另外還有一種方法，就是去找一些願意共享人脈的微商，你可以加入他們團隊，一起建立微信群，然後邀請你微信的好友進群，之後再統計邀請進群的人數，一般來說只要邀請超過 100 人，你就有機會擔任下一群的群主。

　　以前我在經營大陸市場的時候，就是用這種方式來擴充人脈，這種模式的效率極高，且沒有被封鎖的風險。我們曾經建立到了 300 多群，假設一個群的人數約 400 人左右，等於我們的曝光量有超過 12 萬。根據 80/20 法則，其中至少有兩成的人，約莫 2 萬多人對我們的事業有興趣！

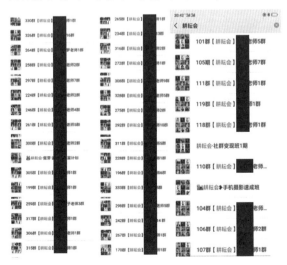

清淇國際有限公司負責人——李清淇

大家好！我是李清淇，我是清淇國際有限公司負責人。我司跨界整合從事的產業領域相當廣泛，專營屋頂防水、外牆防水、壁癌處理、灌注止漏、鋼筋外露、結構補強。關於房屋結構或漏水的問題，北北基桃宜都可找清淇到府免費估價喔！防水修繕找清淇，安心居住沒問題！

有需電商／平面／網頁／動畫／遊戲設計／影片後製／中文校稿等服務，也歡迎找清淇；另外，也有服務辦理人脈、創業、行銷培訓等課程。

特愛學習的我，能跟成功者學習，擴展眼界，很榮幸能成為全球華語魔法講盟股份有限公司董事長王晴天博士的弟子，並經晴天老師提攜為魔法講盟（台灣最大、最專業的開放式培訓機構）專案推廣部部長。

魔法講盟專辦開放式多元化課程：Business & You（一日齊心論劍班、二日成功激勵班、三日快樂創業班、四日 OPM 眾籌談判班、五日市場 ing 行銷專班，1+2+3+4+5 共 15 日完整課程，整合成功激勵學與落地實戰派，借力高端人脈建構自己的魚池！）、WWDB642、區塊鏈國際認證講師班、密室逃脫創業祕訓、魔法講堂、講師培訓、區塊鏈課程、激勵課程、抖音課程、管理課程、行銷課程、創業課程、出書出版班、主持人培訓班、眾籌班、世界級公眾演說班，及定期舉辦以「創業、行銷、投資」為內容核心的知識型大

型講座、高峰會。

　　這次能與幾位老師共同著作，分享所學，盡點心力。在此與讀者們大力推薦陳威樺老師，在商業培訓、社群營銷深耕多年，以最實務落地的實作經驗分享，勢必讀者能獲益良多，更上層樓！

　　想讓威樺老師當你的行銷顧問，網路行銷系統指導，手把手地帶領你打造個人品牌，幫助你用最低的成本開發最大的市場，歡迎報名實戰性有結果的社群營銷、網路行銷課程《營銷魔法學》。

　　在此也分享王晴天老師力推的 DSC《共振融合社群——夢想實踐家社群》，此平台是讓虛擬貨幣受災戶有所解套，也是幫大家高效賺錢的工具。

　　如果你是供應商或講師，此平台能曝光你的商品、課程與服務，會有更多人願意幫你分享你的項目，甚至讓你付出的廣告費，還能額外回收。

　　如果你是消費者，此平台給予優惠，儲值一定額度，就會每天發送折扣券給你，讓你消費更划算，並且還有各種實惠又充滿尊榮禮遇的商品與服務，甚至會提供禮券，讓你送給親友，幫你做人情，讓你很有面子，而把這個好消息分享給別人，還有機會額外得到獎勵。

為大家介紹此平台系統：點開 DSC App，我們看到健康類，心苑醫療是座落於信義區，不做廣告，只接受預約的幹細胞療法診所，斥資千萬裝潢，投資資本額超過兩億，是頂級名流養生抗老的祕境，臨床案例超過許多大醫院的數倍，請各位可以想像一下，如果我們不用花那麼多錢，卻能讓這門生意跟你有關係，各位覺得怎麼樣呢？挺不賴的吧！

這是 DSC 創辦人 David Chin 的診所，秦醫師是台大醫學院復健醫學系畢業，之前在台中也有間診所，目前改建為不對外宣傳的私人俱樂部：Dream Club 夢想家俱樂部，也就是 DSC 的前身。

然後我們看到旅遊，DSC 旅遊，大家知道我們的王晴天博士也是頂尖的旅遊玩家，但王老師在外面也沒看過如此實惠而划算的機票與行程，這一切尊榮的禮遇，都為 DSC 會員所獨享。

商城部分：有許多大家耳熟能詳的知名品牌，未來還會跟新絲路網路商城連結，上面會有各種好書，各種百貨頂級知名品牌，包括德國進口的飛騰家電，根據一位已使用過鍋子的大咖表示，沒看過這麼神奇完全無油煙的鍋子，我們透過王博士旗下的東京衣芙《EF》雜誌，取得優厚的合作條件，難以置信的驚喜價，不定期限量促銷活動，大家可以準備以最優惠的價格揪團搶購。

在此必須強調，DSC 嚴選供應商品質，供應商需要經過官方團隊審核，官方保有面談與決定供應商的權力，目前排隊面談的供應商絡繹不絕，而魔法講盟與經營團隊過去有長期合作，透過魔法講盟聯繫 DSC，可望提前接受審核的順位。

教育部分：上市公司升學王的課程在此上架，魔法講盟最落地的課程也即將上架，除此之外，全球最先進的 AI 人工智慧，智慧開發技術也將在此上架，此技術可幫助你或孩子強化 30 種以上不同的IQ智力表現，所以講師們，當你的課程能上架到 DSC 平台，也是對你與你的公司的形象加分，展示於 DSC，讓優質的社群、會員們為你推廣。

理財部分：香港科技公司發展的凌波微步外匯交易軟件，讓你新冠肺炎期間，別人在家裡發悶，我們在家裡練功、發財。

美食部分：DSC 聯名卡，數千家美食休閒名店，讓我們有各種好康折扣優惠。

彩蛋部分：各種難以歸類的好商品、好服務，讓我們挖寶。

還有更多福利，溯源軟件，是一套基於區塊鏈大數據去中心化演算法的分潤系統，特點是，就像健保一般，是權重計算的機制，扣除供應商與平台的成本，其餘的利潤按貢獻度的權重，分給對於產生消費有貢獻的人，保證每筆分潤，都有對應的利潤，保證發得出來！

消費商(VIP) 機會
你代理了所有供應商的生意

例▷

🌐 健康
生醫公司、診所裝潢、醫療設備
3300萬　2000萬

@ 旅遊
甲級旅行社、全球網站、行程代理
1000萬

💬 理財
投顧公司、開發費用
3000萬

每月軟硬體營運開銷....

心動不如馬上行動，趕緊註冊會員吧！在這個網購時代，如何才能購物省錢的同時又能掙錢，千萬別錯過好平台、好系統、好商機，詳情歡迎詳閱《夢想：世界共同的頻率》這本書，相信能開拓你的視野新觀點。

▲ DSC 註冊

網路時代消費者購買的行為過程：注意→興趣→欲望→搜尋→記憶→行動→分享。

至於企業該如何持續創新，也與以下四項有關：

1. 賦能式管理。

2. 將消費者準確定位。

3. 適應當下經濟發展形勢。

4. 站在消費者的角度思考問題。

要懂得洞悉顧客期望背後的「真正需求」。營收與獲利增加的關鍵在「客戶滿意度」。為了讓所有行銷操作都能可視化，許多資訊和檔案都得「數據化」，才能清楚地得知「顧客支持與否」，進而歸納出具體的數據。

想要贏得顧客支持，也有小技巧——站在顧客的立場思考，進行許可式行銷，並透過雙向互動式的溝通，對顧客做最合適的行銷操作，依照顧客的需求，提供合適的資訊或商品，做好最正確妥善的「供應鏈管理」。提升顧客滿意度，有助於「好口碑」的傳播。

　　行銷的本質，在於透過自家的商品、服務來造福社會，社會評價與顧客意見，也是行銷相對重要的一環。

　　至於該如何建立深植人心的品牌？其實也有五大要點：

1. 產品定位：企業面臨最大的問題是以自己的角度來銷售商品，但真正重要的其實是「受眾認知」。想做出差異化定位，就要知己知彼，了解用戶、獨特思考自己優勢、確定目標，才能創新脫穎而出。

2. 抓住消費者心理：在這劇烈變革、求新求變、轉型的時期，要搶占用戶心智，就必須懂得濃縮品類、占據特性、聚集業務、創新品類。

3. 通路選擇：廣告投放如何選擇及優化呢？依照不同預算擬訂不同投放策略，利用大數據在不同分眾通路進行精準投放，以及互動行銷。

4. 引爆社群：就消費者來說，接受資訊的方式可分為「主動式」與「被動式」。「主動」就是資訊模式中的主動傳播，「被動」則是生活空間裡的被動接觸，利用社交媒體做能量，生活媒體做銷量。

5. 廣告SOP：簡單說出差異化，好廣告語的差異賣點在於「簡潔、品牌露出、多用俗語、戲劇化表達、新聞陳述、提問式廣告」。

另外，當客戶對文案內容有興趣時，在瀏覽過程中，客戶的內心往往會浮現六種問題類型：

- What（這是什麼？）
- Who（誰在講？）
- Why（我需要嗎？／為什麼該買？）
- How（如何購買？／多少錢？）
- How much、When & Where（多少錢、何時何地？）
- Evaluation（有效嗎？／有用嗎？）

唯有目標客戶精準，文案才能精準鎖定。所有「商品廣告」表現都須以「概念」來溝通與聚焦。所謂的「概念」，就是廣告要說的第一句陳述，可以是用來做產品特點或利益的形容，是下主標的起點，是發揮創意視覺的切入關鍵點，可採用「影音行銷、圖像表現與文字訴求」。

「好標題」有三元素──關聯性、創新性、獨特性。標語若能打中關鍵，解決消費者問題，就很容易造成流行。

標語有情境，能引發共鳴，顧客就會買單。「情境設想」也是標語能否被傳誦的一個關鍵，好的品牌口號，自己會說話。標語有新奇感，以故事型、比喻型手法，掌握「時事、趨勢、流行」，造好的關鍵字，人們自動會幫你傳出去。

　　品牌定位的三層思維：「產品」是一切的基礎、「顧客」是為王、「口碑」是擴散。用戶認知是企業的終極戰場，以「產品、通路、定位」三大浪潮為王，品牌是一切戰略的核心。

　　故事行銷四大好處：提高顧客興趣、讓顧客留下記憶、觸動顧客感情、凸顯商品獨特性。文案必須滿足消費者的三大希望——解決問題、滿足需求，以及符合期待——才能打動消費者的心。

📶 行銷的 PDCA：

1. Plan（計畫）：以顧客的立場，擬訂商品規格與假設溝通方式。

2. Do（執行）：透過各種媒體，傳播商品規格與商品在生活中的使用範例。

3. Check（驗證）：檢核指標檢討執行成效，包括營收和獲利、目標和客群是否已購買、購買後的口碑如何、媒體運用是否有效。

4. Act（改善）：思考改善重點，調整商品包裝、檢討銷售通路、評估宣傳媒體、檢視宣傳時段、在自家企業的社群媒體上多發聲。

　　行銷是戰略、推銷是戰術、項目是戰役、話術是戰技。行銷越強，推銷越不重要！

行銷 1.0 以「產品」為核心，行銷 2.0 是以「顧客」為核心，行銷 3.0 改以「溝通」為核心，行銷 4.0 則以「感情」和「心靈」為核心。目的都是為了讓品牌自然融入消費者的心中，形成腦內 GPS。以往創意、溝通傳播、行銷等是幾個獨立的概念，現在則走向一體化，以互動共鳴產生內化的效果。

社群的營銷模式，往往是：流量‧價值‧信任‧成交‧裂變‧需求；所有競爭的核心在於消費者心智，讓消費者愛上你、相信你，才是未來變現的關鍵。

「魔法講盟」BU 行銷專班會教您行銷三大體系：菲力浦‧科特勒的 NP 系統，傑‧亞伯拉罕的行銷擴增系統，以及 WWDB642 的高收入行銷系統。

BU 行銷專班也將詳細教授「接、建、初、追、轉」五大銷售步驟，揭露行銷的祕密！保證讓你絕對成交！

現在是個「人人都能發聲」的自媒體時代，企業如果想要生存並突破發展困境，用最少的資源達到最大的收益，就必須要學會一種能力，叫做以「課」導「客」！

利用課程，來帶動客人上門，這些來上課的學生，即將是你「未來的客戶、為你轉介紹客戶、成為你的員工、投資人、供應商、合作夥伴」，最好的方式是「一對多銷講」一次達成。

你找到你的人生教練了嗎？如果還沒有，歡迎你加入我們魔法講盟，我們提供培訓，舞台，平台讓你成為下一個魔法見證。

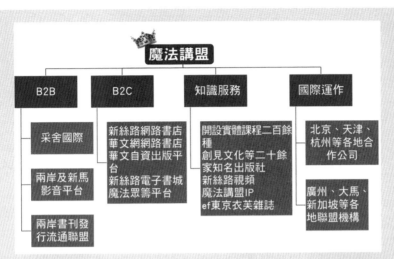

開放式的教育培訓，「以課導客」，掌握個人及企業優勢，整合資源、打造利基，創造高倍數財富！

▲ 聯盟行銷資源整合 LINE 群

喜歡資源整合、分享互助、人脈交流的你，歡迎加入 LINE 群。LINE 群將提供最新資訊、行銷脈動；強強聯盟合作，共創多贏未來！

電話：(+886)966-863-204

LINE ID：0966863204

WeChat ID：liqingqi1255

Facebook 網址：https://www.facebook.com/lichilife/about

YouTube 頻道：http://bit.ly/38LAPch

DSC 帳號：https://bit.ly/2Vjvhki

（DSC推薦碼：0000663，虛擬貨幣受災戶的高效賺錢工具。）

天美仕帳號：https://bit.ly/2WWmE14

（推薦編號：510238，加入送幣。）

東森網帳號：https://bit.ly/30SeQjf

（推薦代碼：Y1jE0t3d，邀請加入實習店主，一起賺PV獎金。）

3-7

了解社群需求

　　知己知彼，百戰百勝！我常常舉一個例子給我的學員聽：「假設今天有一個病人去看醫生，他跟醫生說他有偏頭痛，結果醫生開了個胃痛的藥給他，請問胃藥能解決病人的症狀嗎？當然不行對吧？」我常常遇到很多銷售人員，一看到我就開始講起他們家的產品，就要我幫他們推廣，講得頭頭是道。問題是，我並沒有這個困擾與需求，甚至有時候會造成我的一些困擾。我們以為營銷的流程是：介紹產品→成交→收錢，但這是從銷售的角度出發。從客戶角度來看，會認為為什麼要花這筆錢？客戶花錢的流程是：有需求→評估產品價值→購買。

　　所以，客戶想要去購買的理由是因為他有這個需求。客戶願意去購買是因為感覺有價值。客戶心甘情願掏錢購買是因為超值。我們再來看一次這條公式：

銷售的角度：介紹產品→成交→收錢

客戶的角度：有需求→評估產品價值→購買

前面已經有跟各位介紹過，產生利潤有三個關鍵：

1. 增加你的客戶消費人數

2. 增加你的客戶消費金額

3. 增加你的客戶消費次數

　　前面跟大家分享了很多建立人脈的方法，現在我們要探討如何了解客戶的需求。如果可以見面，對方對你有信任感，也許他會願意跟你分享他的狀況。但是我們一般面對的情況是：對方不會告訴你他的訊息，也就無從得知他真正的需求！因為他跟你不熟，無法信任你，擔心將自己的情報洩漏給你，你會拿去做一些影響到他隱私的事情。這層擔憂很合理，就算今天有網友問我一些私人訊息，我也不會回應這種人，因為我對他並沒有信任感！

　　所以，我個人建議調研市場需求的方法，就是設計問卷，你可以設計一個線上問卷，或是書面問卷，以取得網友的回饋，然後設計一個好處，吸引他們填寫，這樣他們也比較願意配合。而問卷的方向，可以針對客戶的 FORMHD 的原則來設計，也就是：

1. Family（家庭）：嘗試了解他們的家庭背景，在家裡和誰關係比較好、家庭問題和狀況。這是最重要的，因為可以打開對方的心房，與心房背後的市場。

2. Occupation（職業）：主要是工作經驗。對目前工作的滿意度，辭去之前的工作的理由，家人的工作，是否參加過任何保險或傳銷，以及他們對此的看法，這很重要的！

3. Recreation（消遣）：對方的嗜好。平時休假的活動！

4. Money（錢）：目前的資金狀況，家庭的資金狀況。對目前的薪資

是否滿意？是否有信用卡債？是否需要負擔家計？

5. Health（健康）：對方或家人是否有健康問題？是否有正確的營養觀念？

6. Dreams（夢想）：夢想為何？要多久才能實現？

再來就是設法了解客戶的消費習慣，如果是熟一點的客戶，你可以詢問他的生日、結婚紀念日等等，如果對方的生日是 1 月 31 號，我們從 1 月 1 號就開始幫他慶祝。你覺得對方會有什麼樣的感覺呢，應該會覺得這個人很用心對吧？日本有一個銷售之神，名叫原一平，他會去了解客戶的穿著與其他細節，客戶喜歡吃的食物、客戶喜歡穿的鞋子、帶什麼款的手錶、喜歡的電視節目、偶像歌手、說話習慣等等，所以常常對方都還不知道原一平在銷售什麼產品之前，就已經對他產生了信任與好奇。

假設今天如果他對你有興趣，恰好你正在經營某個事業，他設法知道，然後買下你的產品，下次碰面時帶著你的產品來看你，你會有什麼樣的感覺呢？

▲了解客戶的 FORMHD 原則

人與人相處沒有什麼特別的技巧，只要你願意真心地關心對方，就算是透過網路對方都能感覺得到。我的分享是希望讓你了解，如果你能讓對方感受到說：「哇！我兩年前跟你講的事情怎麼你到現在都還記得」、「哇！我不經意跟你透露的訊息你竟然沒忘記」，那麼此刻，你們雙方的關係就有質的提升，顧客能真正感受到：「你真的是很關心我、很在意我」，他會開始把你當作最好的朋友，認定你是他心中的第一選擇，而這種效應就將不可思議地持續發酵著。

羅伯特・艾倫為什麼可以在 24 小時內賺到 10 萬美金？那是因為他早在事前就做了充分的準備與市場調研。他不過是把調研的結果整理一番，設計出最適合客戶的解決方案罷了，現在我就跟你分享艾倫老師當時做了哪些社群層面的市場需求調研。

我再簡述一次，世界理財大師羅伯特・艾倫在 2000 年的時候，為了推廣他的品牌，他公開提出了一個非常困難的挑戰，只要讓他坐在一部能連上網路的電腦前面，24 小時之內，他保證能賺到 2 萬 4 千塊美金。話一說出口，當下群起譁然，沒人相信他能辦到。節目開播的日期到了，2000 年 5 月 24 日，在電視台的現場直播室裡，艾倫在中午開始向他的客戶發出網路銷售攻勢。幾分鐘的時間不到，第一筆訂單就進來了，6 小時之後，訂單總額已達到 4 萬 6 千多美元。24 小時之後，更是創下了驚人的 9 萬多美元，遠遠超過了他最初設定的 2 萬 4 千塊美金的目標。

這是大家都親眼目睹的真實結果。羅伯特・艾倫成功的關鍵有很多，其中之一必定是他非常清楚客戶的需求，他究竟有多深入了解客戶的需求呢？這麼說吧，羅伯特・艾倫是一個知名的房地產專家，多年來他早已累積了許多信任他的客戶和合作夥伴。他透過實體開發和網路開發累積了超

過 1 萬 1 千筆的精準名單。

艾倫為探索客戶的需求，在活動前發布了五封信件，這五封信的內容摘錄自羅伯特・艾倫分享的線上創業教材〈如何在 24 小時內創造 10 萬美金〉，內容如下：

⚡ 第一封信

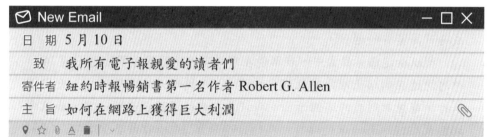

> ✉ New Email　　　　　　　　　　　　　　－ ☐ ✕
>
> 日　期　5 月 10 日
>
> 致　　我所有電子報親愛的讀者們
>
> 寄件者　紐約時報暢銷書第一名作者 Robert G. Allen
>
> 主　旨　如何在網路上獲得巨大利潤

讀下面的信件，你有可能贏得千元美金。

作為我的電子報的讀者，你會在接下來的 14 天的時間裡收到我一系列的特別報告，在 5 月 24 號，這個系列的最後一份報告將會於下午的時間抵達你的郵箱。為了感謝你開啟並閱讀我的資訊，我將會在當天下午抽取多位讀者頒發美金 1,000 元、500 元、250 元、100 元和 50 元的現金。除此以外，你們當中至少有 100 位會獲得我的紐約時報超級暢銷書《創造財富的明智之路》。

我為何要這樣做呢？我相信你非常想知道我為何要這麼做……

但是，在告訴大家我這樣做的原因之前，請先了解一些最近的新聞，我最新的暢銷書《財源滾滾》剛剛獲得華爾街時報評選為年度暢銷書的第一名，很多讀者看完後發現這是我所寫過的書中最好的一本，大家可以透過亞馬遜網站看到讀者們對這本書的回應，我在這裡要謝謝那些幫助我挑選《財源滾滾》這本書副書名《如何賺取永續和沒有上限的財富》的讀者們，這個副標題對我這本書的銷售起到了非常關鍵的作

用。

我接獲通知，我們邦諾書局在各地的分店都至少訂購了 300 本《財源滾滾》。如果你已經購買了這本書，請不要忘記你可以享受由我本人提供的 4 週免費電話諮詢（市價 250 美金），免費諮詢的號碼在這本書的第 xx 頁。

現在，就讓我告訴大家為何我要發出這封信了，因為我即將要在 24 小時內利用網路賺取 24,000 美金。我將會參加 Guthy 和 Renker 的電視節目，這兩個人曾經幫助世界潛能激發大師安東尼・羅賓在電視舉辦過許多場一流的課程。上個週末，這兩個節目製作暨主持人看了很多關於教導別人創造財富的故事，並且親身追蹤拍攝了我的一些學生創富並且成為百萬富翁的過程。

所以在這個節目當中，我準備在電視直播的時候當眾接受一項 24 小時內快速在網路上賺錢的挑戰。在 5 月 24 號那天的中午時分，大家可以打開電視看到我的這個節目。我只要在我的滑鼠上面按一下，我就會啟動我在網路上的賺錢機器。我的目標是在 24 小時內至少賺取 24,000 美金。有關這 24,000 美金可能會帶給你的啟示：是否有可能讓你在一天內就能賺取一般人在一年才能獲得的收入呢？如果有可能的話，你願意學習它嗎？

如果你真的願意學習這個方法，請開啟並仔細閱讀在接下來的 14 天從我這裡收到的信件，我將在電視節目開播前就預先告訴你當中的奧祕，你將會成為在這個世界上最早知道如何在 24 小時內賺取別人一年才能獲得的收入的祕密的第一批人，千萬不要錯失 5 月 24 日的最後一封信！即便你不在電腦前，也要想辦法查閱你的電子郵件。敬祝愉快。

Robert Allen
紐約時報暢銷書作者

這是艾倫老師寫給準客戶們的第一封信，他先預告 24 號的活動，再來鼓勵準客戶們記得一定要關注這場活動，而且說明了關注活動會帶來的好

處。接著讓我們看第二封信：

⚡ 第二封信

✉ New Email	─ □ ✕

日　期	5 月 15 日
致	所有我的電子報讀者
寄件者	紐約時報第一名暢銷書作者 Robert G. Allen
主　旨	免費報告：如何利用網路在 24 小時內賺取 24,000 美金

請留意，非常重要，因為你閱讀了我的這封信，所以我準備為你提供我的一個非常驚人的回報：如何利用網路在 24 小時內賺取 24,000 美金。

請往下看，5 月 24 號，我將出現在電視上，與史上最著名的節目編導兼主持人 Guthy 和 Renker 一起，進行真實的實況紀錄，我將要在 24 小時內從網路上賺取 24,000 美金。

到底我是如何做到的呢？我會公布一個詳細的報告，它的價值是 100 美金（事實上我個人認為它至少值 24,000 美金）。我現在願意把這個報告免費送給你，你需要做的就是從下面的問題中把你認為對的答案選出來。

下列哪一款服務你覺得最感興趣？

選項一：在我的網站首頁掛上唯一的廣告宣傳欄位。這項服務在全球範圍內只有 10 個名額。我從來沒有讓任何人在我的首頁放置過廣告宣傳欄。我會在接下來的數星期內，讓我網站的點擊量增加 50 萬次，因為我會在全國巡迴講演推廣我的書籍和網站。

★如果我的網站有這麼大的點擊量，你是否有興趣在我的網站上做廣告？

☐我有興趣　☐我沒興趣

★如果你有興趣，你願意在這個網站上刊登三個月廣告所支付
　的費用是：

　　□995 美金　　□495 美金　　□249 美金　　□99 美金

選項二：成為我電子報中唯一的廣告，我會定期向我的 1 萬 1 千個忠實
　　　　使用者發送我的電子報，你有什麼商品資訊或者是服務想讓他
　　　　們知道嗎？如果我覺得你的產品適合，我會專門為你的產品撰
　　　　寫一份電子報。這項服務在全球範圍內只有 10 個名額。

　　★你是否有興趣在我的電子報上做廣告宣傳？

　　　　□我有興趣　　□我沒興趣。

　　★如果你有興趣，你願意在我的電子報上刊登廣告所支付的費
　　　用是：

　　　　□995 美金　　□495 美金　　□249 美金　　□99 美金

選項三：一個特別的三天培訓，由我和我的百萬富翁導師團隊一起親自
　　　　輔導你。在過去，已經有 2 萬人，每人花費 5 千美金來參加我
　　　　的這個培訓，他們當中已經有上千人成為百萬富翁。在這個課
　　　　程中你將會學到：

1. 如何在股票市場裡賺取 100%或者更多的利潤。

2. 如何在一年內通過房地產投資獲得十萬美金的收益。

3. 如何在一天內用網路賺取一千美金。

4. 如何激發內在的潛能和建立堅定的自信。

5. 如何利用你的資產創建穩固的財務堡壘。

這個三天的培訓保證將會改變你的生命，並且帶領你走向財務
自由之路。如果你不能出席，整個培訓將會為你私人錄製，所
有與會者在課程結束之後也會獲得這個培訓的全程錄影帶。這
項服務在全球範圍內絕對不會超過 100 個名額。你可以帶你的
配偶一起來參加這個培訓，我們不會額外再收取任何費用。

★請問你對這個培訓是否感興趣？

　　□我有興趣　　□我沒興趣

　　★如果你有興趣，你願意為這個培訓支付的費用是：

　　　　□1495 美金　　□995 美金　　□795 美金

　　　　□395 美金　　□149 美金

選項四：讓我（Robert G. Allen）成為你的私人教練。我真的很少這樣做，因為當我同時輔導 100 個人的時候，會比只輔導一個人的時間效率高很多。當我不得不做私人教練時，我的收費通常是一小時 1,000 美金，或者是一天 10,000 美金。

　　　　不過，在 5 月 24 號，我會挑選 9 個人與我進行一個 2 天的私人諮詢，地點是在我聖地牙哥的家裡，你可以一對一地向我諮詢任何事情，我敢保證我能在 12 個月中，讓你的收入至少再增加一倍。否則這次活動的收費將全額退還給你，這個活動只有 10 個名額。

　　　　★你對這個活動是否感興趣？

　　　　　　□我有興趣　　□我沒興趣

　　　　★如果你感興趣的話，你願意為此活動支付的費用是：

　　　　　　□5,000 美金　　□2,500 美金　　□1,495 美金

　　　　　　□995 美金　　□395 美金

選項五：與我（Robert G. Allen）以及我的百萬富翁導師團隊進行 8 週的電話會議特訓。這個特訓是以電話聯絡的方式進行，每次大約 2 個小時，連續 8 週，每一次電話培訓都全程錄音。

　　　　如果你錯過了，你仍可以聽取錄音，你的導師團隊的成員是：

　　　　Robert G. Allen，紐約時報暢銷書榜首作家

　　　　Dr. Stephan Cooper，股權投資專家，去年他的投資年回報率逾 400%

　　　　Darren Falter，網路行銷大師

　　　　Thomas Painter，房地產投資專家、市場行銷大師

　　　　Ken Kerr，資深產品策略諮詢師

　　　　Ted Thomas，稅務專家

　　　　★這個活動只有 100 個名額，你對這個活動是否感興趣呢？

□我有興趣　　□我沒興趣

★如果你感興趣的話，你願意為此活動支付的費用是：

　　□995 美金　　□495 美金　　□249 美金

　　□195 美金　　□95 美金

選項六：我（Robert G. Allen）親自對你的公司員工舉辦演講。我通常一天的演講費用是 1 萬美金一天（並且該單位須提供我頭等艙機票）。不過在 5 月 24 號這天我會有一個特別的優惠。你的公司或是社團是否希望北美最著名的百萬富翁訓練導師親自來教導你們？在過往的紀錄中，接受我指導的學員中，近八成對我的這個服務表示「非常滿意」。如果做不到這個效果，我保證無條件退費。這個活動的名額只限 3 個公司或社團法人！

★請問你的公司或社團對這個活動是否感興趣？

　　□我有興趣　　□我沒興趣

★如果你有興趣的話，你願意為此次活動支付的費用是：

　　□5,000 美金　　□2,500 美金　　□1,500 美金　　□500 美金

選項七：一套 Robert G. Allen 的書籍、特別報告，以及語音視聽資料：

暢銷書《財源滾滾》，市價 25 美金

暢銷書《創造財富》，市價 20 美金

《財源滾滾》6 張語音 CD，市價 60 美金

《Empower Yourself》6 張語音 CD，市價 30 美金

10 本創富特別報告，市價 50 美金

★你對這套產品是否感興趣？

　　□我有興趣　　□我沒興趣

★如果你感興趣的話，你願意為這套產品支付的費用是：

　　□100 美金　　□75 美金　　□50 美金　　□25 美金

選項八：房地產創富教練教程，這套教程是我（Robert G. Allen）的一個 2 天關於如何從房地產創造巨額回報的課程的現場錄影版。當時的學員的學費是每人 5,000 美元，現在你可以把它拿回家。按部就班地學習房地產投資的祕訣，並且真正獲得財富。

★你對這個產品是否感興趣？

　　□我有興趣　　□我沒興趣

★如果你感興趣的話，你願意為此教程支付的費用是：

　　□500 美金　　□295 美金　　□195 美金　　□99 美金

　　（這個優惠只有 50 個名額）

選項九：我（Robert G. Allen）的《如何利用資訊創造無限財富》課程錄音，在過去 20 年中，市場上關於我的圖書與語音資料，累積銷售大約有 2 億美元。我的產品價值如何做到這樣的產值呢？我在一個 3 天的課程中毫無保留地為大家分享出來。這個課程的市價是 3,000 美元，參加這堂課程的很多人之後都變成了利用資訊致富的億萬富翁。如果你也想知道這其中的祕密，你就要聆聽這套課程的錄音檔。這套課程包含 24 盒錄音帶，如果你購買這套錄音帶，就能額外享有一個小時的與 Robert G. Allen 的私人電話諮詢，到時我將會為你的資訊型產品給出寶貴的意見。

★你對這產品是否感興趣？

　　□我有興趣　　□我沒興趣

★如果你有興趣的話，你願意為此支付的費用是：

　　□1,000 美金　　□495 美金　　□295 美金　　□99 美金

　　（這個優惠只有 25 個名額，這是我願意給大家的特別優惠）

　　謝謝大家的回覆。對了，除了對於回填問卷的朋友贈送我的免費特別報告外，我還會隨機抽取一些得獎讀者。

　　獎品分別為：1,000 美金、500 美金、250 美金、100 美金和 50 美金。此外還會有至少 100 名參與問答的讀者獲贈我的暢銷書《創造財富》。

　　這是羅伯特・艾倫寫給準客戶的第二封信，你已經看到艾倫對於市場的調研非常用心，也非常透徹，因為這樣他才能徹底地掌握客戶的真實需

求與深層渴望，當他蒐集到準客戶的數據後，就在後來的活動中，設計客戶們最想要的方案，讓我們接著看下去。

🔋 第三封信

日 期 5 月 18 日

致 　所有我的電子報讀者

寄件者 紐約時報暢銷書第一名作者 Robert G. Allen

主 旨 你已經收到現金！告訴你如何在你睡覺的時候仍然能賺錢！

重要資訊：把這封電子報轉發給你的朋友們，你就有機會贏取 1,000 美元，如果你想要賺取 1,000 美元，請往下看。

親愛的讀者，

我今天要和大家分享三件事情。首先感謝大家的支持，讓我成為紐約時報本月排行第八名的暢銷書作者！我一定要親自感謝你購買了我的《財源滾滾》。你一定不要忘記打開這本書的第 xx 頁，到我的網站輸入裡面的關鍵字，我將會免費送上我之前的一本書《創造財富》作為禮物。

我被上一封信的回應數字驚呆了！就在星期一，深夜 1 點 30 分的時候，我發出了我的第二封信，在信中我希望我的讀者提供給我一些關於他們感興趣的產品之類的回應，以幫助我在 24 小時內能夠在網路上賺取至少 24,000 美金。結果我的這封信發出後的 24 小時內，我竟然收到了超過 2,000 封的回應！網路的威力再次讓我震驚。

你們當中的很多人對我的問卷作出回應，甚至建議了很多好的方法給我。這些對我來說是無價之寶，我會整合所有你們提供的這些價值連城的資訊，來完成我的這個挑戰，並且把這些經驗作為一本特別報告分

享給你們，如果你仍然希望繼續對相關的內容進行投票，請登入我的網站：http:/www.robertallen.com。

如果你把這封電子報分享給更多的朋友，就有機會贏取 1,000 美金大禮！

如果你幫我傳遞這封信的內容給更多的朋友你就有機會贏取 1,000、500 或者 250 美金，讓更多的人知道我將在電視上完成對自我的挑戰。當然，越多的人知道我的這個挑戰，我在 24 小時內創造 24,000 美金的收入就會越容易。

再來，我願意告訴你我能夠讓更多人知道這次盛事的市場策略：

A. 現金禮品和免費禮物。首先我用到了現金回饋和其他有價值的贈品這個策略，我相信現金和免費的禮物能夠讓更多的人有興趣收看和參與 5 月 24 號的電視直播。

此外，在下一封信中，我會宣布另外一項獎金額度，敬請留意。事情是這樣的：在電視轉播之後，也就是現場直播的 24 小時之內，我會賺取一定數目的金錢，到時我會從參與投票估計我賺取金錢數目的讀者中找出三個最接近的，只要你讀我的第四封信，你就有可能獲得 1,000、500 或者 250 美金和其他驚喜的禮物。

B. 免費重要資訊。所有參與上次投票的讀者都可獲贈我的特別報告〈如何在 24 小時內利用網路賺取 24,000 美金〉。

C. 現金回饋。這點很特別，假設你今天推薦你的朋友瀏覽我的網站讓他們報名成為我電子報的讀者，如果他們贏得我的任何一個獎項，那麼，你也會獲得同樣的獎項，舉例來說，如果你推薦你的哥哥成為我電子報的讀者，當他在某次抽獎中贏得 500 美金，那你也能夠獲得 500 美金的獎賞！

為你網站增加流量的祕密武器，在下一封信中，我會向你解釋獲得流量的終極成功祕密！千萬不要錯過！祝你有豐盛的人生。

Robert G. Allen

現在你應該能了解其中的關鍵了吧？艾倫的每一封信不但吸引讀者看下一封，而且讓他們對最後一封（5月24日最重要的那封）產生期待！你要用好奇心驅使你的讀者，艾倫老師甚至告訴他的讀者到了5月24日這天一定要待在家裡，專心地接收艾倫老師的最後一封信。接著我們來看下一封。

🔋 第四封信

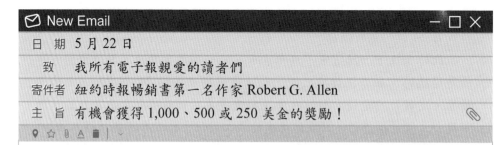

重要資訊：只要你猜猜我在5月24日電視直播節目中賺取的金錢數目，就有機會獲得頭獎1,000美金，二獎500美金以及三獎250美金的現金。如果你想要得獎的話，請往下看：猜測我賺錢的數目，贏取大獎！這封信將是5月24日前的最後一封了。

到了5月24日，中午到下午5點的時段內，我會向大家發出我的第五封信，任何讀者的回覆都將會被攝影機的鏡頭記錄，結果將被載入史冊。我將開啟一個1,000元的大禮，給對我在當天的24小時內賺取到的金額數目猜測最準確的讀者。坦白說，我自己也不知道我能夠在24小時內從我的11,983名電子報讀者那裡獲得多少銷售額，我估計可能從1千美金到10萬美金這個範圍內。

我和大家一樣對24號的結果很期待。不過，請相信我，在那天我會為大家提供一些在平時根本不可能看到的優惠，不要忘記在那天檢查你的電子郵件，因為只有24小時，機會一閃即逝。你猜測的數目是多

少呢？請直接點擊以下的連結填好你的答案，每人只限填寫一次。

不過還有一個好辦法能夠增加你的中獎機會，就是邀請你的朋友來訂閱我的電子報。只要他參與競猜，並幸運獲獎的話，你也可以得到同樣的獎勵。所以，寫下你心目中的答案，中獎名單將會在 24 號之後的一週內公布。不過，即便沒有獲得大禮，我也會贈送你我在 24 小時內賺取至少 24,000 美金的祕訣，我們 24 號見！祝你愉快！

Robert G. Allen

對了，我的出版商告訴我，我的書《財源滾滾》成為本週在「國家連鎖書店」暢銷排行榜的第一名，這間書店的網址是 www.booksamillion.com，他們正在特價發售這本書。在我的第三封信中，已經告訴大家我增加網站訪客量的方法。我現在就告訴你第四個祕密：好奇心！

難道你不好奇我在 24 號的那封信將會是怎樣的內容嗎？難道你不好奇贏得獎金的人是誰嗎？難道你對 24 號那天我能產生的收入不好奇嗎？難道你不好奇，是否自己贏得了 1,000 美金大獎嗎？難道你不為這個一生只需要做一次就能讓你獲得財務自由的交易感到好奇嗎？把你對讀者建立的好奇心變成你的現金流！我們 5 月 24 號見！

從這封信你可以看到，善用好奇心吸引客戶是事業成功的關鍵之一，如果把整個淘金環節比喻成在做一道菜，好奇心就像是鹽和胡椒，它讓你的菜聞起來令人食欲大開。我相信你們一定都想知道，最關鍵的第五封信的內容是什麼，艾倫老師最後到底寫了什麼，讓他在 24 號那天透過網路創造近 10 萬美金的收入？

現在來讓我們看艾倫老師在 5 月 24 號發送出去的最後一封信，這封信是在當日正午 12 點 38 分按下的滑鼠鍵，就像艾倫老師之前提到的那樣，讀者的回應非常踴躍。現金開始如流水般湧入艾倫老師的帳戶，我們就來看看到底是什麼樣的內容吧！

🔋 第五封信

📧 New Email	− □ ✕
日　期　5 月 24 日	
致　　我所有電子報親愛的讀者們	
寄件者　紐約時報暢銷書第一名作者 Robert G. Allen	
主　旨　5 月 24 日的終極方案	

最後的訊息！在過去的 14 天裡，我發送過 4 封信函，告訴大家今天我將會做出史無前例的大優惠，也正在今天，我在電視直播上的 24 小時挑戰正式開始，現在我坐在電視台的電腦前，對你們心懷感恩。

感謝你過去幾天參與我的挑戰，並且見證這個偉大的時刻。這幾天來，超過 2,000 名讀者對我的市場調研做出回應，數百名讀者把我的電子報推薦給他們的朋友和親人。我能否贏得這次的挑戰與你對我的支持分不開。為了表示感謝，你有可能因為各種原因獲得以下大禮：

- 你們當中的三位將獲得現金。
- 你們當中的三位會因為推薦的朋友獲獎而獲得同樣的金額。
- 你們當中的三位會因為正確（或最接近）估計我在這 24 小時賺到的金錢數目，分別獲得 1,000、500、250 美金的現金。
- 最先交估計數目的前 100 名讀者，將獲得我公司「一分鐘百萬富翁」紀念徽章。
- 估計答案與真實數目最接近的 100 名讀者，將獲得我親筆簽名的暢銷書一本
- 你們當中的 2,000 位將獲得我的關於〈如何在 24 小時內賺取 24,000 美金〉的特別企劃書。

並且，今天投資任何我所給予的產品的讀者都將會成為最大的贏家，因為我敢向你保證，今天我所給出的方案絕對是你在一生中再也不會遇到的優惠。

　　為什麼是今天呢？因為我們在創造歷史！當你收到這封信的時候，即時攝影機的鏡頭正記錄著這個用網路淘金的偉大歷史。當你的訂單湧入的時候，電視台的工作人員會馬上記錄，我真心希望今天的紀錄能夠讓世人感到驚訝！這也是你為何今天參與這個盛事的原因，讓我問你，你真的想成為百萬富翁嗎？

　　Rega Philbin 在他的電視節目《誰願意成為百萬富翁》中，幫助好幾百人成為百萬富翁，但是通過我的課程、講座和書籍，我已經幫助上萬人變成百萬富翁，現在輪到你了！你還在猶豫什麼？

　　現在就行動吧！

　　以下是我能夠提供地親自教導你成為百萬富翁的幾個計畫：

- 計畫一、百萬富翁導師電話會議：連續 8 星期與我和我精心挑選出來的百萬富翁導師團隊在電話中交流。
- 計畫二、參加 3 天高效能的互動訓練（由我和我的百萬富翁導師團隊親自帶領）。
- 計畫三、用 2 天的時間和我面對面的個人交流（只有 10 個名額）。

　　以上三項計畫每一樣都有自身的特點，我保證你能夠從中受到巨大的收益，並且真心喜歡它們。

　　參加計畫一「百萬富翁導師電話會議」你能夠獲得：所有談話都是即時的以電話進行，每一次長度為兩小時，我們每次都會錄音；萬一你沒有辦法參加也可以從錄音中重複學習。導師成員為：

- Robert G. Allen，紐約時報暢銷書榜首作家
- Dr. Stephan Cooper，股權投資專家，去年他的投資年回報率逾 400%
- Darren Falter，網路行銷大師
- Thomas Painter，房地產投資事家、市場行銷大師
- Ken Kerr，資深產品策略諮詢師
- Ted Thomas，稅務專家
- 數位神祕嘉賓（都是千萬富翁）

參加計畫一的讀者可獲贈：

- 我的第一本暢銷書《Road To Wealth》（市價 20 美金）
- 6 個摘錄我課程的 CD 語音光碟（市價 90 美金）
- 10 本特別報告〈如何獲得財富自由〉（市價 500 美金）
- 利潤最大化教程，PDF 格式，130 頁（市價 197 美金）

上述這些贈品可以為你提供以下內容：

- 58 個有效市場策略，幫助你的利潤最大化
- 如何讓你的廣告有雙倍的回應
- 如何利用一個簡單的提問，讓你的銷售業績提升 10～50%
- 銷售制勝的六個必須懂得的定理
- 11 個經過驗證確認有效的方法，幫你強化市場運作

這個強效的 8 星期電話特訓現在以 97 美元的震撼價推出，保證你對這個計畫絕對滿意，不但如此，你一定會感到物超所值（你會願意付十倍的學費來參加），否則我將無條件退還學費！

參加計畫二「三天高效能的互動訓練」你將能夠獲得：首先，所有購買計畫二的人士都可以免費獲贈計畫一的全部課程。從我們的市場調研中我們看到，計畫二是最受歡迎的！已回應問卷中有過半數的人士願意為這個課程支付 500 至 1,500 美金。

超過 100 個人願意支付 1,495 美金，當然這個價錢比我平時提供的同類課程要低一些（我平時的同類課程收費是 3,000 美金／人）。因為在這個課程中，我會邀請至少 6 位千萬富翁來親臨指導。不過，這次的活動非常特殊，我要在電視直播前挑戰自己，所以我會將價錢設定得非常低，這樣便能保證觀眾們一定會有巨大的回響。

所以在 24 小時內，只要你報名，我將會讓你免費帶你的配偶一同參加，以及你根本無法想像的其他優惠。在這三天的課程中，你將會學

習到：

- 如何在股票市場中獲得 100%的回報。我們的股票投資專家會親臨指導，他個人在去年的股票投資中已獲取 400%的利潤。
- 如何在房地產中每年獲得 10 萬美金的回報，由我親自來指導。
- 如何在網上每天至少賺取 1 千美金。網路是一個自動運行的機制，不管你在睡覺還是在吃飯，它都能夠幫你不停地賺錢！我將會為你展示這個祕訣。
- 如何建立自己內在的力量和不可動搖的自信？大多數的人都想要成功，但他們的步伐受到自信心不足的影響，以至於難以自我突破。我們會為你提供嶄新的大腦 Update 訓練，讓你能夠突破自我，夢想成真。
- 如何讓你的資產永遠跟隨著時間而獲利成長？一個真正的百萬富翁不單指能夠合法地賺錢，最重要的是如何將賺來的錢永遠變成有效資產而持續增值下去。我將會在這堂課上為你揭示我從來沒有公開過的祕密，讓你成為真正永不失敗的百萬富翁。

這些內容將會由我和我的百萬富翁導師團隊親自教導。我們保證你會對這堂課非常滿意，我們還保證這堂課會永遠地改變你的生命，讓你永遠變得不平凡，獲得夢寐以求的財務自由。如果你報了名卻因故不能出席，我們還將會為你提供完整的錄影。除此之外，我們還會特別贈送：

1. 所有計畫一的內容
2. 免費的課程券給你的配偶和你一同參加
3. 房地產百萬創富計畫的家庭學習版
   為了讓你在房地產的投資中創下巨額財富，你將得到我親自創立的系統，當中的錄音也是由我親自講述的，之前人們要花費 5,000 美元才能來參加，現在你卻可以直接擁有，這套系統將會為你開創數以千萬計的財富，內容包括：
   - 財富訓練（12 片 CD）

- 從抵押貸款中創造財富（24 片 CD）

4. 利用資訊賺取百萬美金

在過去 20 年，我利用我的書籍、有聲 CD、錄影帶以及現場課程賺到超過 2 億美金。在這三天的課程結束後，我也會送給你如何利用資訊賺取百萬美金的終極祕密 CD（共 24 張）。這個內容，在市場上我曾收取一人 3,000 美金的費用。

5. 特別優惠

兩張〈網路淘金快速起步〉教育營的課程券（6 月 16～18 號），同類的訓練營收費要美金 597 元，我的一個好朋友 Carl Galetti 負責統籌這次的訓練營，他會為每一位參加今天計畫二的報名者支付這次教育營的費用。如果你不能來參加這次教育訓練營，兩張課程券也可以贈送給你的任何朋友，他們將會永遠感激你。這次教育訓練我也會參加，我不會錯過，你也千萬不要錯過！

所以我們來回顧一下計畫二連帶的所有優惠：
- 計畫一的所有項目
- 你可以免費帶配偶來參加
- 36 張講述房地產致富的 CD
- 24 張從抵押貸款中創造財富 CD
- 2 張教育訓練營的課程券

計畫二連同所有的優惠今天只收取美金 297 元！我保證你會對這個計畫的內容 100% 滿意，我肯定你將會從學到的觀念、策略和知識中，更上一層樓。

參加計畫三，能獲得 2 天接受我一對一的個人指導，只有 10 個名額。我很少進行私人輔導，同時輔導 100 個或以上數量的學生對我來說更有效率，如果我要接一對一的輔導，我的收費一般是每小時 1,000 美金或者每天 10,000 美金。

　　然而在今天，我將會撥出 10 個名額來進行一對一輔導，地點會在聖地牙哥，在這為期兩天的私人輔導中，你將有機會進行私人的、客製化的，並且一對一的諮詢。計畫三的費用只要 997 美金。我保證你會從中獲得巨大的收益，你的收入會在未來 12 個月中成倍增長。否則，你的學費我會如數奉還。

　　除此以外你將自動免費獲得計畫一和計畫二的所有服務。

　　你決定要參加哪一個計畫呢？

　　計畫一：百萬富翁導師電話會議，今日優惠價是 97 美元

　　計畫二：參加 3 天高效能的互動訓練，今日優惠價是 297 元

　　計畫三：2 天和我面對面的個人諮詢（只有 10 個名額），今日優惠
　　　　　　價是 997 元

　　最後，我還有計畫四讓大家選：網路廣告的優惠（全球只有 24 個名額）！

　　很多讀者非常想從我的網站中的瀏覽量受惠，在之前的調研中，超過 1 千名讀者願意在我的網站上放置看板，其中 61 個人願意出價 995 美元。很顯然，這個需求很大。所以，我決定讓今天所有讀者自由競價，我將會挑選出出價最高的 24 人享受這個服務。

　　你的看板將會放置在我網站的首頁，我之前從來沒有允許過任何人這麼做，然而在未來的幾星期內我將會針對 50 萬群體發出我的信函，將他們吸引到我的網站。

　　除此以外我還會和我的工作人員在全國宣傳我的新書。其中 30% 的銷售業績會從我的網站產生，所以在未來幾個月內會有大量的人瀏覽我的網站，這是讓你的網站增加曝光率的絕佳機會。

　　除此以外，你還能享受到以下優惠：

1. 你還可以放置 10 個不同類型的廣告在我即將發行的電子報上
2. 你將會收到我親筆簽名的紀念品
3. 你可以享受專業廣告指引（市值 500 美金）
　　我知道你非常渴望你的廣告發揮最大的成效，所以我特意花錢聘請廣告設計大師 Scott Haines 來為你在我網站上的廣告進行設

計，Scott 平時的設計費用至少要 500 美金，但在這個特別的優惠中，你可以免費享有（我已經為你付了費用，好好善用這次免費的機會）！

4. 你將免費享有網路淘金專家 Daren Falter 為你舉辦的 4 週線上課程。通過我們的線上會議室，你將會學到價值連城的網路淘金祕訣，讓你輕鬆賺取 100 萬！

5. 特別加碼贈送兩張〈網路淘金快速起步〉教育營的課程券（6 月 16～18 號）

如果你想成為這 24 名幸運兒，請點擊連結進行投標，如果投標結果與我的期待值相差太大，我有權取消所有的事項安排。

好了，這 4 種選項的內容我都逐一說明清楚了，我會利用它們盡全力幫你成為百萬富翁。點擊下面的連結選出你要參與的計畫，請詳細填寫你的姓名、住址和信用卡資料，然後迅速回郵給我。

Robert Allen

紐約時報暢銷書《零首期》、《創造財富》、《財源滾滾》作者

現在你已經看完艾倫老師在這 14 天發出的 5 封郵件。你知道在 4 個培訓計畫中他總共賺了多少錢嗎？總共賺了 11 萬 5 千多元美金！一個月後除去取消的訂單，艾倫老師的總收入超過 9 萬美金。因為採用網路來成交，所以花費成本極低，艾倫老師的淨利潤超過 90%。以上就是關於艾倫老師如何做到在 24 小時內利用網路賺取 10 萬美金的真實紀錄，非常值得想運用網銷賺錢的讀者們參考唷！

網路營銷收入倍增見證者——育妙

　　大家好，我是育妙，我跟威樺老師最開始是在網路上認識的，透過線上的活動我看到他的 Line 營銷經營模式，對此充滿好奇。後來參加威樺老師的線下說明活動之後，我當下就報名了他的網路行銷培訓課程。在威樺老師每一次舉辦的說明會中，我看到他堅持的態度。威樺老師認為社群營銷是未來的趨勢，我印象深刻，他常常問我們的一句話：「未來你在網路上是要當消費者，還是要當經營者？」

　　在接受威樺老師培訓的過程中，我看到他對學員的關心與期待，他希望我們變得更好，所以常常對我們提出要求，他時不時叮嚀我：「育妙，你的白頭髮太多了，什麼時候去染一染啊？」、「你的身形，可以在纖細一點嗎？如果要買戰袍要瘦下來了再買喔。」、「衣服可以穿得再整齊乾淨一點！」這樣的提醒，對我不但不是苛刻或為難，我在其中反而感受到了他的關切，對我來說是一種正面的忠告。

　　這是我自己的親身故事，我想要賣房子，但是我沒有經驗，威樺老師不但教我商業談判的技巧與方法，還介紹了我房地產的幾位專家。他常說，學做生意，不管是在線上或線下，總是要有一些基本的素養。我們必須具備銷售的能力、演說的能力、談判的能力、投資的能力，以及說服的能力，以上都是我們追求卓越的必備技能。而威樺老師願意傾囊相授毫無保留，在每一次的課程裡，總是滿滿的新靈感及新點子，更重要的是能有效落地執行。威樺老師也常說：「我一定要讓你賺到錢。」在這樣的自我要求下，威樺老師對自己的夥伴更是

滴水不漏地指導。這樣的人格特質讓我十分欣賞！

　　威樺老師對待我們就像朋友一般，每當一有新的網路行銷資訊，他一定會立即開課，跟我們分享他的新知，他盡善盡美的個性，也贏得了其他很多學員的認可。我記得他曾分享過一個營銷模式，就是ABC法則！ABC法則是一套借力來提升我們成交率的模式，而借的力就是A。團隊就像一家人，而ABC法則的A就是上線、領導者、專業的存在，通常是為我們做理念的溝通與成交者；B就是我們自己，是A和C之間的橋樑，C就是我們的客戶或要成交的對象，我們B要做的就是把A推薦給C。

　　在我們的團隊中，原本大家互不相識，透過威樺老師的協助，讓我們就像家人一般，共同學習網路社群經營，即使我們從來都沒有見過面，威樺老師為團隊建立了一個非常優質的團隊文化，讓每個人都感到舒適，也能共同成長。威樺老師也是一個非常努力的人，他拼命三郎的個性，每每一場演說下來總是大汗淋漓，他還會跟夥伴開會後檢討，總是要求自己做到最好。

　　我是如此地幸運，有人為了我們的夢想而如此付出，在威樺老師的帶領下，我也成功地在網路上賺到了錢，我從來沒有做過這樣的事，當獎金匯到我的帳戶的時候，我真的很開心。原來網路行銷真的可以賺到錢。而這都是威樺老師耐心指導下得到的結果。

　　威樺老師常在臉書上分享他的日常生活，可以讓人對他有更進一步的認識。你會發現，除了在台上侃侃而談的專業形象外，他也有放鬆、愛家的另一面。他熱愛閱讀，他喜歡與家人相聚、旅遊，也熱愛

運動。更特別的是，已經有如此成功的智慧與經驗，他還是願意不斷地進修學習，追求卓越。

　　只要威樺老師答應過我們的事情，不管多晚、不論多遠，他都一定會處理。

　　現在威樺老師要出書了，他要把他這幾年來學到的所有商業智慧，匯集在這本書裡，再用更有效、省錢、快速的方法，幫助讀者完成他們的夢想。我真的很推薦各位一定要買這本書，看完保證讓你增加一甲子的功力。在網路行銷的領域裡，我們想跟著世界的趨勢輕鬆快樂地走，就要讓威樺老師加入你的生活，這也是很難得的事喔，歡迎你跟我們一起快樂創富。

設計讓人無法
拒絕的魔法文案

　　你有沒有一種經驗，就是在滑手機的時候突然跳出一個廣告或是一個優惠，然後忍不住下單購買呢？你知道嗎，當你做出這個動作的時候，表示對方的文案成功見效了。坊間有很多培訓公司，甚至為了教人寫文案，設計了一系列的文案課程，你就知道文案對營銷來說有多麼重要！

　　好的文案是很有說服力的，它能夠為人們提供全新的角度來看待你的事業。如果你像很多企業主一樣，經常需要撰寫各種文案，像是產品宣傳或是會議活動廣告詞等，你就需要寫文案的能力。一般「文案寫作」通常都會交給專業人士來做，但是當你必須完成你自己的銷售信函、網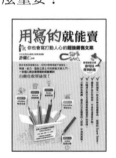路廣告或者營銷訊息，而又沒有專業文案寫手的幫助時，該怎麼辦呢？又或者你沒有多餘的資金尋求專業人士幫你寫文案怎麼辦呢？我跟你分享幾招，可以幫助你成為一位基本的文案寫手。將這 3 點小技巧學以致用，你會發現有不一樣的改變。

🛜 一對一的個人化寫作

　　即使是一本擁有上萬讀者的暢銷書，它上面的廣告在一次時間內也只能被一個讀者看到。消費者是以個體的角度，而不是以團體的角度在閱讀

你的文案。而大多數文案新手經常犯的錯誤是：他們以為他們是對著滿屋子的人在講話。其實相反，試著想像一下，你坐在桌邊，對面坐著的就是對你有興趣的潛在顧客，你需要做的就是看著他的眼睛，並思考你要如何滿足他的個人需求。為了提升你的營銷效果，我建議你從個人化的角度向客戶描述你的觀點，就像你在進行一場一對一的談話，比較能讓對方覺得你是在跟他說話。

📶 信息以外部為導向

除非你是在給自己家人寫信，否則千萬不要都是在寫自己的事。有一個很常犯的錯誤，就是在撰寫銷售文案、宣傳內容和文宣郵件時，一個缺乏經驗的文案新手往往會把重心放在「我們將提供什麼」，而不是「你將會得到什麼」上。當你寫文案時，不妨換位思考一下，試著把你常用的「我們」、「我們的」的詞語改變成「你們」、「你們的」。外部導向性的語言會有更大的吸引力。比方說，你最好將「我們將提供 24 小時的即時服務」改成「你將獲得可信賴的、一天 24 小時不間斷的即時服務」。

📶 開頭就說出誘惑

現在消費者的生活中到處充滿著廣告宣傳的訊息，以至於人人同時接受到很多種媒介的廣告，例如透過看電視、讀報紙、上網、滑手機，即使只是網路上，營銷環境也非常混亂，一大堆的電子郵件廣告和其他的交流方式都在產生影響。因此與潛在客戶的每一次溝通都要立即抓住對方的興趣，否則就容易被淹沒掉。要想立刻抓住對方的注意，你要在一開始就說明你將給顧客提供哪些有誘惑的好處，或者根據溝通類型的不同而提供不同的服務。你可以提供什麼樣的服務讓競爭對手望塵莫及、而顧客又超級

想要的獨特價值呢（USP）？

🔋 5 大廣告文案寫作模板

我跟各位分享一些過去我學到的一些比較有效的廣告文案寫作模板，相信對各位一定會有很大的幫助。

📶 AIDA 公式

1. A：Attention（引起注意）
2. I：Interesting（興趣）
3. D：Desire（購買渴望）
4. A：Action（行動）

首先引起消費者注意、挖掘他們的興趣、產生消費的渴望、最後引導購買，以這一方式進行推廣文案的撰寫，非常有效，這也是非常有名的一個文案公式！

再將 AIDA 公式稍作整理和延伸之後，你會發現：Attention（引起注意）就像書本的書名一樣，對照文案的標題、前言或者是開頭第一句話，目的就在於吸引消費者的興趣，讓他們的眼球看過來。Interesting（挖掘興趣）就是當對方被你吸引住後，接著必須強化對方的注意力，如果文案內容無法挖掘到消費者的深層興趣，也許他就離開了。Desire（渴望）就是藉由文案中更多的引導和溝通，引發對方消費的欲望，消費者是否想要購買你的產品，關鍵因素在於對方是否信任你。Action（行動）要求對方做決定，立即行動，比如之前所說的強調稀缺性，為的就是解決消費者的拖

延心態，補上臨門一腳，促使消費者立即買單。

📶 羅伯特‧克里爾（Robert Collier）公式

克里爾是 20 世紀撰寫自助和《新思想》等形而上學著作的美國作家。他一生中大部分時間都從事寫作、編輯和研究。他的著作《時代的祕密》（*The Secret of the Ages*）迄今售出了 30 萬本。克里爾撰寫了許多關於豐富、欲望、信念、形象化、自信的行動和個人發展的實用心理學。以下是他彙整出來的勾引消費者購買欲望的流程：

1. 吸引消費者的注意力
2. 引發消費者的興趣
3. 你要描述你這個產品、這個服務、這個流程工作、這個活動
4. 要說服你的消費者
5. 要證明我們能夠按照我們的承諾來交付我們的產品或服務
6. 達成交易

這個文案公式不單單只用來寫書面文案，就算是公眾演說也適用此方案。

📶 文案大神 Bob Bly 的廣告文案 8 大要素

1. 吸引客戶注意
2. 關心客戶需求
3. 強調利益
4. 將自己和競爭對手區隔
5. 證明是怎麼回事

6. 建立高度信任感

7. 提升產品價值

8. 呼籲行動

📶 維克托‧思科瓦伯（Victor Schwab）的 AAPPA 文案公式

這是另外一個非常有名的文案寫手，使用這個公式寫出來的文案放諸四海可以說是水準之上，而且經驗證確實有效。

- Attention：引起注意（吸引注意）
- Adventage：展示優勢（給人們展示產品的好處）
- Prove：進行驗證（證明這種好處）
- Persuade：勸導人們把握這一優勢（勸說人們抓住這種好處）
- Action：呼籲行動

📶 AIDCA 公式

- Attention（注意）：把消費者從其他正在受吸引的人事物那裡想辦法吸引過來
- Interest（興趣）：以新鮮的、有趣的訊息來引起消費者的好奇心
- Desire（欲望）：藉由你所提供的內容來引發消費者行動前的衝動意念
- Conviction（信念）：幫助讀者解除心中的疑惑，讓他們相信我們說的都是真的
- Action（行動）：要求消費者去做下一步你想要他們去做的行動

這樣看一輪下來，你會發現上述的文案公式好像都差不多。是的，因

為營銷的流程就是這樣。雖然細節有千百萬種方法，但是大方向都是類似的結構。我分享我自己常用的文案公式，你會發現其實跟上面提到的也差不多。

成功銷售文案＝標題＋問題＋證明＋結果

標題：認真思考你的標題如何引起注意力

問題：列出你潛在客戶所關心的問題

證明：找出提供切實可行的解決方案

結果：喚起潛在客戶的行動

🛜 結合另一個我常用的文案公式

標題：必須短而有力

副標題：補充標題沒能表達出的訊息，強化標題的效果

證明：證明很多人使用過我們的方案後受惠

呼籲行動：因為某些因素，你必須立即行動

🔋 如何下一個超吸睛的標題

多年來我常常使用上述這些文案原則，幫我創造出了許多的績效，所以我想跟各位分享。另外一個常常被問到的問題是，標題要怎麼下，究竟什麼樣的標題才能吸引人呢？

在大多數廣告中，標題毫無疑問是最重要的關鍵。這是你在發送給客戶、廠商、團隊，甚至員工的信件或書面資料中的開篇之辭。這是當你進

行銷售、展示或者做一對一拜訪時，說出來的第一句話。所以「標題」是你和客戶開始談話的開場白。

標題也是拍攝商業廣告或在展場上進行宣傳時首先要說的話，設立標題的目的是吸引你潛在客戶的注意力。如果你想吸引小資族，就應該將「小資族」一詞放進你的標題中。良好的標題將帶來什樣的效果呢？答案是好的標題能夠幫助讀者、受眾，甚至潛在客戶，了解如何透過使用你的產品來得到一些好處，例如怎樣提高健康、財富、社會需求、情感或精神上的滿足等等。總之，想要下好標題，就要讓你的產品優勢能夠最大程度地被你的潛在客戶所看到。

我整理幾個過去我常用，而且非常推薦你們的標題類型，幫助你們在設定標題時候可以參考。

1. 警告型：說明不使用你的產品會有什麼嚴重的後果。例如你最大的靠山如果是「魔法講盟」，你可以說，沒有任何機構能像魔法講盟那樣提供這麼多的資源。

2. 強調型：使用簡單的兩個短句或者是重複全部或部分廣告詞的形式。例如只要你有使用我們的產品，你就能夠提高你在某某方面的效果。

3. 期望型：只要突破一點普遍限制就能輕易實現廣告提到的效果。例如優質汽油與一般汽油的不同之處在於添加劑，所以可以在標題中重點突出產品的不同之處。

4. 誘惑型：針對無須購買該產品的人群，但是透過限制目標客戶吸引全體消費者的注意力。像是工程設計師們歷時 50 年的嘔心瀝血之作，利用戲劇性的表現誇大產品開發的艱難性。

最後我再分享 30 種黏性開頭的標題，讓各位參考，你們可以利用這些形式填入適合自己的文案：

1. 如果……，那麼……

2. 坦白說，我很困擾……

3. 當我在查看過去的紀錄時，我發現……

4. 你可以幫我個忙嗎？是這樣的……

5. 你想試試這個方法嗎？

6. 這是個絕佳的好機會！

7. 我之所以馬上告訴你，是因為……

8. 你還在為……煩惱嗎？

9. 你會為了某項服務每個星期額外多花 500 元嗎？

10. 你認為怎樣做能天天賺 1,000 美元？

11. 請放下手中的事情，花幾分鐘的時間來閱讀這個內容……我保證你不會後悔！

12. 過去我很少寫這樣的信，但是我認為很有必要讓你知道……

13. 想像一下，六個月後的今天……

14. 我想告訴你一個祕密……

15. 幫個忙好嗎？我們需要你配合參與一個重要的調研

16. 你是笨蛋嗎？

17. 你是不是為了某個服務花了太多錢？

18. 別再逃避了……

19. 我真的生氣了！我再也不會這樣做！

20. 這是一封你從未收到過的內容／這是一封我從未寫過的內容

21. 請原諒我的衝動，但我敢打賭，你的生意會比現在更好，只要……

22. 你或許已經發現了這個（根據產品種類）邀請函……

23. 沒有炒作，沒有包裝，沒有華而不實。這就是我們成功的方法。

24. 你可以合法地「賄賂」我們，想知道方法嗎？

25. 這是我最後一次聯繫你，如果你不在乎，就把我刪了吧！

26. 你是否想過為什麼成功的人永遠不是你？

27. 如果你能給我十分鐘，讓我向你介紹我的服務，你沒有任何損失

28. 這或許是你最幸福的一天，因為你是少數幾個被挑選收到我訊息其中一人

29. 如果你曾經做過這件事，那麼你肯定對這個內容感興趣

30. 有素質的人一眼就可以看出來這封信的內容

講師專欄

世界共同的頻率築夢者——林衍廷

　　各位讀者大家好！筆者同時也是《夢想：世界共同的頻率　DSC總裁David Chin穿越白色巨塔的初衷力》的共同作者與《魔法抖音，只限企業主、一線網紅、匠人知道的祕密》的新書企劃人，很榮幸威樺老師讓我在他的書中寫個專欄，希望能為日理萬機的威樺老師分擔一下寫作的辛勞，給大家科普一些跟威樺老師學習的一些補充知識。

魔法抖音社群行銷

上一個世代的傳播平台演變

Facebook，於 2004 年左右，在人們的歷史中出現，迄今 15～16 個年頭，連同旗下的 Instagram、WhatsApp，囊括了全球超過 50 億的用戶，而抖音才剛過 3 個年頭，全球已有逾 5 億的用戶。

而抖音的祕密是什麼？我們先來看看以往與 Facebook 近似的平台的發展過程。平台本身原則上是不生產自己的內容的，最初用戶與內容都相對稀缺而簡潔，經過整體用戶群逐漸越來越熟悉平台的使用，更高效快速地放上各種五光十色的內容，平台用戶也隨之成長。

然而這樣的傳播，離不開「六度分隔理論」，所謂的六度分隔理論，就是說：「世界上的任意兩個人只要透過 6 次關係就能夠互相連接」。而這理論經過 Facebook 囊括全球用戶的過程，驗證了平均任意兩個人只要透過 4.5 次的關係就能連結。

我不知道大家聽到這個事實之後有什麼感受，然而我的感受是：「原來人與人之間的關係那麼遙遠，4.5 次的關係，Facebook 走了 15～16 年。」

全球化的時代，傳播的方式會不斷地進化，今天的 Facebook，已經不像以往那麼支持普羅大眾傳播自己的資訊。

以往內容尚未飽和的年代，用戶在 Facebook 上張貼內容的觸擊率是 100%，也就是你人際網絡 100%的人都看得到。當然，特別是在內容尚未飽和的年代，都會有「流量紅利」，比如社群網站或部落

格的首頁，會曝光一些用戶的內容，但如今就很難看到自己想發送的內容了。

隨著用戶對平台的「黏著度」增加，平台基於終究要營利的原因發送廣告，並且此時也較不用擔心會因此流失用戶了。然而，就算是同樣質量的內容，用戶每天能看到的「內容總量」是相對固定的。比如說 2012 年 Facebook 每日上傳的照片達 3.5 億張，假設每人每天平均看 10 張照片好了，不會有人因為 Facebook 多允許了 10 張廣告圖片就變成一天平均看 20 張。因此，平台降低了「觸擊率」，將我們熟悉的人事物的資訊降低到 2%以下。觸擊率，指的是當我們在平台上發布自己的文字、圖像或影片時，我們的人際網絡能夠接受到的比例。曾經是用戶提供了人際網絡，熱情無私無償分享內容的地方，如今成了挖空心思創作的內容，若是沒有廣告預算也難以傳達。而在平台上留下的資訊，與過往提供的人際網絡，以及使用記錄，成為了平台藉以投放廣告，讓「熱情無償無私的分享與貢獻者」掏腰包買單的工具，締造的唯有平台 6 千億美金的市值；而為建造平台，真心無償無私熱愛平台、提供內容的使用者，卻所獲甚微，甚至一無所獲，並且以後還會持續為此付出代價。在此並非想當正義魔人去譴責些什麼，不過，新的世代，是否需要更加符合彼此利益共創雙贏的傳播模式呢？在此也很希望鼓勵現有的平台，能多試著思考與「為平台提供貢獻」的使用者「共贏」，如此才是往後的世代更長遠的競爭力與社會的福祉，對於打造永續經營的企業與平台，乃至於永續的企業與社會關係，必然有所助益。

新時代的傳播平台演變

而抖音，實現了幾大突破：

第一，以往如果我們習慣一天在 YouTube 上看一個 1 小時的影片，那就只有 1 個瀏覽；而抖音主推的是短視頻，一個影片可能短到只有 15 秒，所以同樣看 1 個小時，卻會是 240 個瀏覽！抖音放大了瀏覽率，讓更多人有機會傳播他想要傳播的資訊。

第二，這使內容的生產者需要的時間簡短了，卻要求他們進行更精華的製作方式，所以內容的質量也提高了。

第三，抖音透過「大數據去中心化的演算法」，透過一個影片的完播率、點讚率、評論率，乃至於一個用戶是否正常，而不是機器人的使用習慣，是一個熱愛分享，也熱愛聆聽的優質用戶，包括有特定喜好的內容，方便系統判斷推播怎樣的內容，提供優質、沒有違規內容等等，影響一個用戶在平台上「聲量」的權重。我們會看到一個被抖音判定為正常、優質的用戶，發出一個影片，第一波的瀏覽率約在 400，熟知統計學的人都明白，常態分配的統計，大約 400～1000 個樣本時，所得到的「信度」與「效度」是接近的，當個樣本數的瀏覽者，給予這個內容合理而優質的反饋，適當的完播率、適當的點讚率、適當的評論比率等等，抖音透過大數據分析這是優質而且是特定群集的更廣大群眾想看的，就會再按照比例推播給另一更廣大的群集瀏覽，依此類推，直到反饋的權重相比於其他內容沒有優勢時，這個過程才會暫時趨緩。

　　而這樣反覆大量的運算，我們能推估至少是使用了「類區塊鏈去中心化的演算法」，才容易低成本地達到這樣的目的。大部分常在吸收新知的人都知道，馬雲的阿里巴巴一直擁有全球最多的區塊鏈專利，多年前他就公開表示過，1111 光棍節的流量太大，如果不發展區塊鏈的技術，根本無法負荷，是不得不走上這條路。

　　所以，抖音比起 Facebook，它給予了更多人發聲的機會，鼓勵大家創造更精華的內容，並將這些內容精準送到最想看的人眼前，創造並填滿了大眾每天需要看短視頻的需求。以過往平台所沒有的超高速，完成了內容的填滿，與按需求精準推送，雖然，它也不免俗地更快地進入可以發送廣告的階段，但提供優質內容的用戶，目前仍能有大於其他舊時代平台的網路聲量，並且在上面高質量地經營生意。所以，這是新時代更加從用戶的體驗出發，與用戶創造共贏的思維基礎。

🛜 讓你的企業與行銷，擁有自己的「抖音+」

　　說了這一些，大家應該可以明白有一個起點，使你的行銷與事業能夠符合「抖音+」這樣一個概念，站穩原有的利基，並跟其他平台與供應商、消費者、分享者甚至跨國際的對接，透過獨特的創新再次付於你的行銷與事業能量，稍後也會給各位一些如何實現「裂變的商業與行銷模式」的想法。坊間對於描述「裂變」觀點的並非沒有，中國大陸相對更多，但許多僅是「+裂變」，而非「裂變+」，會再與大家分享探討。看了這許多，希望讀了以後，能讓你的事業與行銷，具備在數年內創造「10 倍獨角獸企業」的潛能，與現有的平台

合作來實現「抖音+」，發展強大的對接能力，更新穎綿密的思維，開放的胸懷與態度，讓許多其他企業，能夠搭載在你的平台上，發展出你在「抖音+」概念以內的獨有體系，實現你的「XXX+」。

或許不是每間企業都能成為抖音，但是更多的企業主可以藉助「抖音+」，為自己的企業賦能，賦予全新的生命力。

「奈米-」社群營銷學

坊間最吸引眼球的行銷與商業模式無非是，以「裂變」為基礎的商業與行銷模式。「裂變」二字人人可說，而知道如何實作，又領會的深刻，則不是人人都辦得到。此篇主要是給對於喜歡研究商業模式與行銷的生意人與供應商或新創業者的一些交流。

「裂變」聽起來很厲害，大家想到的無非是「倍增」或「原子彈」一般的爆發力，然而我們先了解下坊間所謂的「裂變」其實至少包含了以下幾種不同的內容：

1. 病毒式

2. 核裂變式：原子彈

3. 核（融合）聚變式：氫彈

4. 量子共振式

以上四種形式的商業與行銷模式的綜合體，本書定義為「奈米-」（奈米減，英文寫作 Nano Minus）的商業與行銷模式，主要是因為

這些自然科學中帶來的啟發，都是奈米級別以下的尺度。下面提到的「奈米-四大商業與行銷模式」，內容稍偏理論，主要是跟讀者們進行交流，幫助有興趣的讀者們能夠用更深入的格局來思考。

一如《舊約聖經》描述古以色列最有智慧的國王所羅門，透過將世間萬物做成比喻、歌曲，闡述他所體會的道理（CNV Traditional 1Kin 4:32-33），我們同樣也能從這些科學事實得到啟發，在此不做太過深入嚴謹的科學探討，僅簡單科普概念，幫助大家了解這樣的商業與行銷模式究竟如何運用。受限於內容篇幅，僅提出要點，並且提出能啟發大家思考的問題。讀者可以按自己的需要決定要花多少時間品味。有需要更多資訊，可以另行聯繫探討。

🔋 「奈米-」四大商業與行銷模式

📶 一、病毒式

隨著新冠肺炎這個全球性疫情的話題持續延燒，普羅大眾普遍對病毒有了更深入的理解，大家聽過各種病毒，無非至少包含以下幾種：

- 2003 年的 SARS：一種傳播快速又有較高致死率的病毒。

- 伊波拉：極高致死率，因此帶原者通常會迅速暴斃甚或感染的聚落會快速消滅，疫情最終反而較快得到控制。

- 流感：低致死率，通常不容易被人注意到，因此容易廣泛傳播，反而在全球造成意想不到的死亡人數。

- 新冠肺炎：目前為止，傳播能力強於 SARS，但應不強於流感，致死率則介於流感與 SARS 之間。

從以上四種病毒的特性我們很容易了解到，其他條件類似之下，傳播力與致死率約略呈反比。

所以病毒式的商業或行銷模式，有別於其他的商業與行銷模式的重點在於「帶原」的觀念——起初不見得要達到最終結果，而是先擴散帶原，而結果可循序漸進，或一次爆發。

順帶一提，如果對此較沒有感覺的人，可以去玩玩看一款近年做得還不錯的遊戲App「瘟疫公司」，遊戲內容是假設你是病毒，能夠自行往對人類最有害的方式去進行突變，會怎麼做？這個觀點幫助我們對最壞的情況有所準備，讓我們的心境更加能夠「面對並處理風險」，符合時下被熱烈探討的「反脆弱」風險管理思維。《孫子兵法》有云：「知己知彼，百戰不殆。」，圍棋有句名言說：「達到神乎其技的境界，需要兩個天才。」都反映了站在對立或對方的角度思考，才能自我提升的觀點。雖然我們不鼓勵對立、戰爭，也明白疫情中，許多人過得特別辛苦。但我想說的是，透過這些已經發生的事，人類在歷史上已經付出了無數代價，那麼，是不是我們應該以此為戒，讓這些已經發生過的事情更加的值得。若然全世界都寓教於樂，對於病毒更加了解，相信對於疫情輿論的判斷會更加地精準，也就更少人被不正確的資訊所誤導，而能做出更正確的的選擇。讓你在全球的疫情風險之下，受到最少的影響，甚至越挫越強、逆勢茁壯。

病毒的演變與流傳，對我們有幾大啟發：

潛伏；滲透；增生；突變。

一個病毒之所以有威力，無非至少有這四點，以下將分別為讀者詳細解說：

- 潛伏：

  如果病毒不是因為能讓普羅大眾甚至醫療人員誤以為是無症狀或其他輕微的疾病，就容易被人察覺而隔離、封阻乃至於消滅。對於近期經歷過疫情的大眾對此其實相對有認知。然而世間有潛藏的殺機，自也有包裝的善意。一個劃時代對大眾有益的發明，若非是透過包裝，就無法讓今日的世代了解，難以在當代發揚光大。有句話說：「天才的遠見，都會受到殘酷的抵抗。」也許這句話對了一半，確實沒有不面對反對、排除抵抗就能完成的大事，然而也鼓勵有識之士，既有天才的遠見，最好也能善盡「能力越大，責任越大」的職責，盡可能靈巧而有效地排除不必要的誤會產生的抵抗（CNV Traditional Mat 10:16）。

  你有想過，你的事業是否讓病毒式行銷的潛伏，常態地發揮作用了呢？

- 滲透：

  不論是國境、山岳江河，還是海關疫檢，病毒都具有突破的能力。若只有少數破口，且難以被滲透，疫情就容易被控

制。這通常與傳播方式有關，潛伏的能力也會影響到滲透的能力，但這觀念描述的重點與潛伏略有不同。

反問自己，你的事業在遇到關鍵阻礙時，是否有巧妙加以穿越、滲透的能力呢？

- 增生：

病毒的生命週期一般相對短暫，數量少時，產生的威脅也有限，但病毒卻有增生的特質，以戰養戰，透過宿主進行增生，在此也稍微釐清，一般坊間所謂能「一傳十，十傳百」的裂變式行銷，嚴格說來，更接近病毒式行銷的概念。當你手中的資源不變時，一傳三與一傳十的傳播「質量」一定是有所不同的。病毒的傳播是「逐步擴散」，「帶原」乃至於「發動」的一種循環；而裂變的觀念，乃是快速的一傳三過程中，產生額外的核能效應（後面會有更深入地探討）。一如《孫子兵法・作戰》所云：「善用兵者，役不再籍，糧不三載；取用於國，因糧於敵，故軍食可足也。」

你的事業是否常態地發揮以戰養戰，越戰越強的機制呢？連病毒也懂得運用的策略，作為人類，更該好好運用。除了有菩薩心腸，亦要有雷霆手段，以佛家來說，也可謂「善巧」。

- 突變：

若然病毒永遠不變，則人類終究相對容易找到應對之方，而

越棘手的病毒，通常它的突變是造成疫情控制難度提高的重要因素。在事業上，也可以大致理解為「環境適應能力」。

你的事業是否宛若「有機體」，能自行適應環境進行突變，達到更永續地成長與茁壯，更不會因特定因素造成覆滅，具有「反脆弱」與「阿米巴」的特質呢？

🛜 二、核裂變式

核裂變的基礎是高壓高密度的鈾-235，透過高密度的中子將鈾-235 的原子核一分為二，並釋放出一至三個中子，產生鏈狀的連鎖反應。過程中，中子會發生三種情況：

- 沒有擊中鈾-235 的原子核，因此不會產生能量，不過仍繼續運作中。

- 純度上來說，不可避免地會有鈾-238，被中子擊中後，會吸收中子而不做反應。

- 擊中鈾-235 的原子核，將之一分為二。

簡單了解核子裂變的過程之後，我們至少能從這樣的科學現象得到以下幾項啟發：

- 鈾-238 越少，能量越能持續運作；所以鈾-238 就像會吸走你事業動能的一切事物，你知道什麼是你事業與行銷中的鈾-238 嗎？

- 中子沒擊中鈾-235 的情況下，提升密度問題就能得到解決。所以，你的事業與行銷能量會取決於你的中子（概念類似催

化劑）與鈾-235 的密度（能裂變並釋放出連鎖鏈狀反應的因子）。

- 鈾-235 哪怕最多只能多產生 1～3 個中子，只要不是 0，鏈狀反應的持續就不致於力竭；哪怕只有 3 的 N 次方的倍增，迅速的連鎖反應也會產生驚人的能量。在你的事業與行銷中，哪些東西具有這樣的特質呢？

- 裂變的核心在於「一分為二，且能產生能量」的特質。一般所謂的「裂變」若缺乏了此特質，嚴格來說，性質上會偏向病毒式的概念。你的事業與行銷中，有哪些東西，如鈾-235 一般，能一分為二並產生能量的呢？

- 鈾-235 相比於大部分的原子核，是較重的那種，就像較有積累性的資源。你的事業與行銷中，怎樣的資源有這樣的特性呢？

- 了解核能科學的人基本上都曉得，發電用或研究用的核反應爐，追求的相對是穩定的反應，而武器用的才是追求能量釋放的速度。武器隨著釋放速度增加，彈頭摧毀，導致密度下降，最終也導致原料不可避免的浪費。你追求的是有如核反應爐的事業與行銷？抑或是原子彈般的事業與行銷？或是想減少原料的浪費呢？這三種想法都可能是對的，只是適用的情況可能不同。重點是，你能否精準地判讀目前的情況，了解你能使用的工具，並對症下藥地做出精準的處置呢？

🛜 三、核聚變式（核融合）

上述最後一問的解答之一，就是目前科學上的核聚變，又稱為核融合，最耳熟能詳的案例就是我們俗稱的氫彈，反應速度更快，但其實世界上目前不存在純氫彈，多為氫鈾混合彈。相關技術種類繁多，在此不一一細述，簡言之，越輕的原子核與越高的中子／質子比，核融合效率越高；而原子量超過 62 的原子核在融合的情況下，消耗的能量比釋放的更多；而核融合主要需要的，除了上面提到的之外，就是高壓高密度，以及溫度。

現有的氫鈾彈，透過核裂變賦予氫核融合的溫度，再透過核融合更高的反應速度，啟動更多的核裂變，甚至是反覆進行這個循環，以求提升效率。

核融合有解除密度或溫度就能暫停的特性，相對來說，較容易控制與應用。

所以我們至少能得到以下幾種啟發：

*   輕的原子核，可以理解為不相對不需積累的資源，你的事業與行銷中可有哪種資源具有如此特性？

*   什麼是你的核融合商業與行銷模式的溫度？

*   你的生意與行銷中，如何透過設計，結合裂變與融合，達到相得益彰？

*   什麼是你事業與行銷中的中子／質子比？

*   你事業與行銷的原子量 62 的分界線在哪裡？

🛜 四、量子共振式

　　這是一門相對更複雜的學問，我們僅就特性進行探討。共振，是廣泛存在於聲波、光波、電磁波等各種波中的現象。所以我們至少能得到以下幾點啟發：

- 頻率相同，就能共振，因此同頻很重要，什麼是你事業中能喚起共振的頻率？

- 萬物都有各自的頻率，我們不需要知道它在哪裡，只要放出適當的頻率，波的範圍所及，就會得到同頻的回應。

- 波，一如聲波、音樂或和弦，條件適當的情況，能夠和諧地互相搭載，對接，整合。

　　舉個大家耳熟能詳的例子。一般大家常聽到的核磁共振，是指把某物體放在一個磁場中，之後以電磁波進行照射，藉此改變此物體的氫原子的旋轉排列方向，使之共振；由於氫原子的組織排列方向不同，就會產生不同的電磁波訊號，因此在經過電腦處理後，能分析出此物體的原子核位置及種類，進而能據此繪製出物體內部的結構圖像。

　　能夠共振的物件間，共同的頻率就像它們之間的暗號。筆者成長的過程中，身邊有許多從事半導體業的人，因此以半導體某個年代部分的製程思路進行闡釋，製作的目標是要製成滿布細致電路的晶圓。然而以中學實驗課的邏輯去布設那麼精緻複雜的電路是不實際的，因

此,有種更快的方法,就是準備一片能夠成為電路的薄片原料,以及能夠溶解它的物質,然後,將不能夠被溶解的塗料,按照電路的設計,印在薄片上,然後再進行溶解,最後,洗去這層不能夠被溶解的塗料,就能比以往所能想像的更快速的完成細致的電路。

當然,現在的技術演進遠不是那麼簡單的概念,然而,對於其他領域的人,了解這樣的製程,也能夠在許多事情上得到啟發。

- 我們先透過標定(印上不能被溶解的塗料),而後就以快於尋常的速度,取得細致的電路(網絡)。

- 網絡形成好後,電流流竄於複雜細致的電路只是一瞬之間。

有了上述觀念,各位不難理解:

- 一如聲波般的波,雖然也有共振,但波速僅限於音速,而光波、電磁波等,則是光速,量子共振要實現的,就是光速級別的共振同頻。

- 共振、融合,很多時候是比裂變與病毒式更加安全、穩定、受控制的力量,逐夢需要踏實,即使身在現代,病毒式與裂變式也不可偏廢。

有興趣交流研究的朋友們,也能透過右邊的QR
code 聯繫筆者喔!

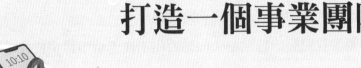

3-9

打造一個事業團隊

多年來我跟許多優秀的企業家打過交道，我發現越是成功的企業家，越注意細節，像魔法講盟的董事長王晴天博士，就是我極為欣賞與推薦的人物。我認識王董事長是在求學時代，因為他以前是補教界的數學名師，所以我求學時代就在看他著作的參考書。出社會之後，我極欲學習商業知識的技能，渴望成功，到處上課學習、購買書籍，期間我又再度看到了王博士的著作，但已經不再僅限於升學考試用書了，而是一連串關於成功學、商業培訓等作品，例如《公眾演說的祕密》、《王道：行銷3.0》等多本著作，打開了我無知的視野，提升了我的商業能力。

2017年，我在接受完世界級的行銷大師傑‧亞伯拉罕的培訓之後，開始應用在我的平台上，累積了不少粉絲追蹤。其中一人，竟然就是王晴天董事長，當時的我很是訝異，一個飽讀詩書，出版無數，對成功之道有自己一套獨特見解的大企業家怎麼會對還名不見經傳的我有興趣？於是我進一步地去了解這個人，我發現了這個人許多成功的祕密。

我觀察過許多的經營者，在這些老闆中，也有人擅於算計成本，以吝嗇為傲，或許身為一個經營者這是一個非常正確的態度。吝嗇的老闆或許不受員工歡迎，但從經營者的角度來看，吝嗇才是正確的。王晴天董事長

是傑出的企業家，深諳企業經營之道，所以他經營公司也必須錙銖必較，才能在不景氣的現代商業社會中殺出一條成功的道路。

而王董事長另一個讓我佩服的特點是：海納百川！從王董事長定位公司的模式可知，魔法講盟屬於開放式的培訓公司，它接受各種品牌、企業與各方老師的加盟，只要合法、以幫助他人成長為出發點的個人或團體，都有合作機會。因為魔法講盟的目標是未來要在兩岸 50 個城市開班授課，預計培養 101 位經過魔法講盟培訓認證過的講師，事業要做大，就必須接納更多不同專長的人才。

考量到市場需求、安全性、便利性、因應趨勢等問題，魔法講盟現在也在積極開發線上培訓系統，希望能讓更多的人才加入魔法講盟，一起共創未來，一般的企業鮮少能做到這件事，所以你能接受多少事物，就能享有多少成果，這也符合中國的民族英雄林則徐所言：「海納百川，有容乃大；壁立千仞，無欲則剛。」

我說這些是要告訴你們經營事業的精神，學習社群營銷不單單是技術面，更重要的是你花了多少心思，你能接受多少事物，這些都是消費者的內心感受得到的。

3-10

優化時間管理

　　亞洲知名演說家梁凱恩說：「唯有不可思議的目標才能創造不可思議的結果。」

　　為什麼你的時間總是不夠用？為什麼同樣是 24 小時，有人選擇完成自己的夢想、有人選擇完成他人的夢想？當我在接受學員諮詢時，常有人問我，究竟要如何分配時間，才能讓工作更有效率？我的回答是「最重要的事優先做」。

　　如果你覺得你的時間管理出了問題，那麼真正的原因就只有一個，就是「你沒有在做跟夢想有關的事」。為什麼那麼多人無法成功？因為他很多時間都在做跟他成功無關的事。

　　在大陸有一首令我印象深刻的歌曲，是由中國男歌手王錚亮演唱的。這首歌曲原為中國 2011 年電視劇《老牛家的戰爭》的片尾曲，在 2013 年被馮小剛導演選為他電影《私人定製》的插曲；歌詞中唱到：

「時間都去哪兒了？還沒好好感受年輕就老了。

生兒養女一輩子，滿腦子都是孩子哭了笑了。

時間都去哪兒了？還沒好好看看你眼睛就花了。

柴米油鹽半輩子，轉眼就只剩下滿臉的皺紋了……」

因為歌曲深入人心，引起許多聽眾共鳴，所以後來有許多歌手翻唱，引起更多人關注。我們都知道成功的美好，但事實是現實中總有許多事情在干擾我們，導致我們無法去做我們真正想做的事情！

我剛出社會的時候，白天去找一份工作，晚上透過兼差想繼續自己的夢想，但是四年過去了，我並沒有實現自己的夢想。身邊的人都不信任我，紛紛離我而去。後來當我從事教育培訓的工作後，回頭一看才發現，原來以前的我並沒有花全部的心力在做跟我事業成功有關的事情，難怪我無法成功。成功需要決心，以及一定要完成目標的理由。大多數人都不知道為什麼一定要成功，所以花太多時間去做跟夢想無關的事情！

股神華倫‧巴菲特針對時間管理提出了一個25/5理論，他要他的學員列出25個人生中最重要的目標，然後從中選出5個最重要的。但是他的目的其實不是要學員選出最重要的5個目標，而是要學員撇開其他的20個目標，巴菲特認為剩下的20個目標才是真正的問題。因為這些目標往往是你喜歡甚至猶豫要不要去做的事情，是在你完成前5個目標的過程中影響你時間和精力的事情，是分散你追求成功的最大阻礙。

所以我在這邊預留空間，準備了一個表格，讓你列出25個你認為應該要完成的目標，然後取其中5個你認為最重要的目標。

項　目	你渴望實現的夢想	原　因
1		
2		
3		
4		
5		

6		
7		
8		
9		
10		
11		
12		
13		
14		
15		
16		
17		
18		
19		
20		
21		
22		
23		
24		
25		

　　寫好之後，再把這些目標做出區隔，分出最重要的 5 個目標與次要的 20 個目標。

重　要	你一定要實現的夢想	原　因
1		
2		
3		
4		
5		
次　要	你不一定要實現的夢想	原　因
6		
7		
8		
9		
10		
11		
12		
13		
14		
15		
16		
17		
18		
19		
20		
21		
22		

23		
24		
25		

　　這個表格可以幫助你在日後做時間規劃的時候當作參考，當你設定新的目標與夢想的時候，先看看這個表，問自己是不是真的一定要實現，還是其實它並沒有那麼重要。

　　另外我在這邊跟各位分享幾個時間管理法則，我在規劃行程的時候也是依照以下這些準則，我想這對你們是有所幫助的：

🛜 寫下你的人生目標

　　訂出你的事業成就、身體健康、財富創造、自我成長、人際關係、社會貢獻等各方面的目標。並問自己三個問題：如果你有 100 萬，你會設定什麼樣的目標？如果你只剩下 3 個月的生命，你會設定什麼樣的目標？假設你比現在大膽 10 倍、20 倍，你又會設定什麼樣的目標？

★我的事業成就目標是：

_____

_____

_____

★我的健康目標是：

_____

_____

_____

★我的財富目標是：

_____

_____

★我的成長目標是：

_____

_____

★我的人際關係目標是：

_____

_____

★我的社會貢獻目標是：

_____

_____

★如果我有 100 萬，我會設定什麼樣的目標？

_____

_____

★如果我只剩下 3 個月的生命，我會設定什麼樣的目標？

_____

_____

_____

★假設我比現在大膽 10 倍、20 倍，我會設定什麼樣的目標？

_____

_____

_____

📶 PDCA（Plan-Do-Check-Act 的簡稱）管理

又稱循環式品質管理，對事業的發展按規劃（Plan）、執行（Do）、查核（Check）與行動（Act）來進行活動流程，以確保最終目標之達成，並保持品質持續的改善。這套管理法由美國學者愛德華茲・戴明所提出，所以也稱作戴明環。如果要提高產品品質，改善產品生產過程，就可以利用這個循環圈的四步驟來確認，事先規劃好再行動：先計畫→執行→檢查→再行動。

▲PDCA 循環圖

📶 設定優先順序

利用 80/20 定律。用 80%的精力做 20%最重要的事情，用 80%的時間來處理 20%最重要的事情。不重要的事情盡量不做，或者請別人幫你做。

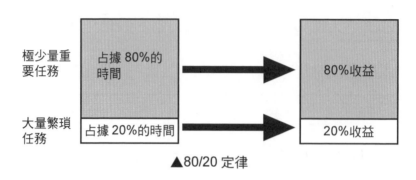

▲80/20 定律

📶 專注力

任何人只要持續專注在某一特定的領域，五年後成為專家，十年後成為權威，十五年後成為世界級大師，都是必然的結果，可見專注力是多麼重要。我師從的那些專家之所以在各領域中成為世界大師，都是因為他們花了至少 30 年在他們的領域上，所以跟你成功無關的事情，一分鐘都不要浪費在上面。平均來說，持續工作一個小時左右才能處理一件比較重要的事情。如果中途被打斷，所耗費的時間將是平均的五倍。

📶 時間期限&獎勵

「沒有快樂的目標，痛苦便會趁虛而入」，是世界潛能激發大師安東尼・羅賓的名言。

你知道中國的萬里長城是怎麼蓋成的嗎？是不是先從一邊起頭開始蓋，然後逐一往前蓋呢？錯了，這樣的效率絕對會比預期來得差。事實上長城是這樣蓋的，古代官員將工程劃分為每 500 公尺一個區域，再將全體工人分成無數個建築班，每班大約 20 人，一班負責一個區域。再讓兩個班同時進行工程，所以 1,000 公尺的城牆是從兩端開始往中間靠攏，最後在中間點會合完成。

這樣做能讓工人感受到完工時的成就感，當他們再從遠方開始新的工區時，才會有展開新起點的幹勁，不會因為遙不可及的目標而意志消沉。

所以根據帕金森定律，人們總是會把事情拖到最後一刻才完成。有可能兩個小時就能完成的工作，卻拖到八個小時才結束。修建長城就像你的終極目標，到完成之前可能需要耗費你大量的時間與心力，過程中難免心智會渙散，所以如果只一股腦地往前衝，加上人都有拖延的習性，我們的幹勁不足以讓我們撐到目標達成，所以可以將大目標分成幾個容易達成的小目標，按階段一個一個達成，並給自己一個達成小目標後的獎勵，讓自己產生持續的行動力。

🛜 工時紀錄

成功的人懂得規劃時間，至少以半個小時來規劃，有些人甚至計算到每分鐘。每天檢討修正自己的時間運用，在有意識的時間下，記下自己此時此刻在做什麼，清楚自己的時間是如何使用的。當然，同時也會知道自己的時間是如何浪費的！

🛜 授權

不重要的事情盡量交給別人去做，盡可能授權出去。授權時要明確告訴被授權人，你想得到什麼結果。首先要挑選一個適合的人進行授權，再告訴被授權人你希望他做什麼，什麼時候完成，並要隨時查核完成進度。

🛜 會議

領導人一定要學會開會，且對會議的目標要明確。開這個會是要達到什麼目的、解決什麼問題，快速開始、準時結束。

📶 拒絕干擾事件

當你事業越做越大時，會有越來越多人找上門，我們要有效隔離電話、人、突發事件。盡量避免被干擾。

📶 整理環境

想想如果你的辦公桌上凌亂不堪，當你要找資料的時候會不會很難找？當你看到桌上一團亂時，心情會不會受到影響？隨時保持辦公桌乾淨，資料分類歸檔，這樣一來你的心情不但會愉快許多，做事的時候你也會比較有邏輯，能分辨每件事物的輕重緩急，時間管理肯定更有效率。

📶 利用碎片時間

每天至少投資一個小時在學習，羅馬不是一天造成的，萬里長城也不是一天蓋好的，持續不斷地學習成長，未來你就有可能會成為某個領域或行業的專家。充分利用交通、休息、等人等零散時間。隨身養成帶本書看或聽音頻的好習慣。

📶 隨身準備筆記與筆

有時候我們會突然想到一個靈感，可能因為手邊事務繁忙，又沒有紙筆在身邊，來不及記下，等忙完後通常也就忘了，那些靈感也許能幫助我們成長，所以記得身邊隨時備好紙筆，以便隨時記錄下來。當然，也可以用手機做紀錄！

📶 準時

成功人士非常重視時間觀念，我就曾經因為遲到 2 分鐘被客戶酸言酸語過，因為客戶會覺得你不夠重視他。所以在跟客戶約見面時，我建議提

前 15 分鐘到場，你還可以整理思緒，腦中模擬待會的會議流程。

簡化工作

把工作系統化、簡單化，尋找更好的辦法。現代資訊發達，尤其是在網路快速發展下，每天都會有無數新的想法跟資源，所以可以思考如何利用他們讓我們的工作更簡化。

以前我在經營臉書的粉絲專頁時，就曾遇到粉絲問題過多處理不及的狀況，當時我的粉絲約有 2,000 多人，他們熱愛學習，喜歡跟我拿一些學習的資料，可是我只有一個人，我也不可能天天 24 小時守在電腦面前。有的粉絲甚至會三更半夜留言要我處理。後來經由一位老師的介紹，我開始使用臉書的聊天機器人來幫我處理回覆的工作，只要設定好標準回覆範本，從此就不用再去親自處理龐大的訊息了，幫我省下了大把時間。

學習拒絕

學會說「不」是一件很重要的事。以前我的個性軟弱，當有人拜託我做事的時候我總不好意思拒絕，可是後來我發現我的時間都花在幫別人處理事情上，自己的事情都還擱在原地。現在我最常遇到的就是學員希望我幫他們代理他們的事業產品，但是為了做更重要的事情，我大多予以拒絕了。

時間平衡

除了事業外，我們也要花時間在家庭成員、朋友、社會上。家庭和事業是一體之兩面，不與家人溝通、不參加朋友聚會、不關注社會時事，都不是現代人應有的態度。

講師專欄

《萬國大先知，人類大未來》作者——彭海寧

　　大家好，我是彭海寧，本書的作者陳威樺老師，在他的臉書中，說他曾經做過餐廳服務員、快遞送貨員、工廠作業員、工程師、推銷員、電話行銷專員、講師、業務主管和老闆。然而如今，台灣最大的培訓機構魔法講盟的王晴天董事長說，陳威樺老師是魔法講盟的行銷長，他所教的社群營銷、網路行銷能夠打造自動賺錢的機器，且一步一步教到會為止，手把手地帶著學員，而且時間長達 5 年，保證學員能上網賺大錢，這是全世界 CP 值最高的課程！

　　陳老師在書中提到，2000 年羅伯特・艾倫在一次網路直播行銷的電視節目中，為了增加收視率，透過幾封給準客戶的市調信，挑戰用一台連接網路的電腦，於 24 小時之內，成功接到 94,532 美元的訂單。

　　此外，這本書中也提到，美國哈佛大學前校長德里克・博克曾說：「如果你認為教育的成本太高，試試看無知的代價。」也就是說，學成一種未來的價值觀，才能在未來 5G 網路、智能城市、遠距教學、遠距商務、遠距手術、無人駕駛、區塊鏈、物聯網等的時代中，繼續領先。

　　威樺老師也在書中推薦了很多網站、人物、資料、方法和影片等實用的資源。他的學生有些甚至跟隨他很久，常對他讚譽有加，說他的教學時常更新，與時俱進。

　　陳老師為人謙和親切，儒雅大方，講課清楚，條理分明。每月上課一次，可以給學習者充分的時間實際操作練習。

　　他的課和書充滿了他的行銷之學識、人脈、方法、管道、團隊、引文、引例和教學歷練及網路行銷實務實戰經驗，還有經典之文案、學理、故事、案例等等，真是非比尋常的網路行銷大師啊！

⚡ 《萬國大先知，人類大未來》作品介紹

A（信仰＋文字＋故事＋閱讀＋創意＋經典）

＋B（語文＋寫作＋研究＋教育＋學習＋理解）

＝神聖文明大復興＝《正面形象心理學》

＝《智慧關鍵字教育》＝《通識關鍵字義閱讀法》

＝「NLP（大腦語言程式學）之一種」

＝〈發現天賦人格形象／養成天然恆毅信心〉＝新宇宙人生價值觀

＝全球共通共識的文化基本教材

世上最偉大的故事

——人類文明文化文教文藝文創

未來的方向方法方案

你為何必須看完本文？因為

🛜 一、世界需要轉機

因為你身處於十二萬分關鍵的時代，創意變為事實的能力突飛猛進，但地球大環境正急速惡化，快要永不回頭，有能力的大國卻仍然沒有急切醒悟。

- 〈TED演講〉Mae Jemison：我們這個時代的使命，是要使人文（藝術）與科技融合為一。因為當人文與科技無法合一（二分法）的想法存在於教育中時，那麼必將無事不受害。因為「直覺和推理（分析）」，正如「理想和現實」，本來就是一體的兩面。

- 愛因斯坦：直覺是上帝的禮物，推理是忠心的僕人。但我們的社會卻尊榮僕人，忘了禮物。

- 姚仁祿：直覺是天賦，相信直覺，全世界就會幫助你。

本書中的「通識字義法」就是人類有史以來根本的「直覺的推理」和「理想的實現」。

🛜 二、學習能力及助人解決問題的能力，是未來世界最需要的才能。

<馬雲與台灣青年對話完整版>

「文字能力」（閱讀力）是最重要的教育目標，也是未來一切經典傳承和文明復興的必經管道。人類以往一切文明大小事，都存在於文字中，甚至未來的偉大文明，也必以「文字」的形式出現。沒有文字只用口傳，必難以正確長久或廣傳。因此，在文字充滿天下的資訊

時代，你為何不把握機會學習「文字與經典」中的最高核心奧祕——永恒宇宙人生意義與價值觀（未來新天新地新文藝復興的根基）。如果「閱讀是人類最重要的心靈活動」，那麼「意志力」的最大永久動能必定來自文字（語義）（語意）（語識）（語靈）（聖經：義＝神＝靈）。

三、人心如何「自我定位」（自我期待），時代就如何「自我成就」。

- 章學誠：史（生活）之所貴在於義（理）。

- 彼得・杜拉克：重要的是人有什麼能力，而不是人缺少什麼能力。

- 中央大學認知神經科學研究所教授洪蘭：要學生對生命有期待，必須先使他感到生命的意義才行。

- 比爾・史崔克蘭（Bill Strickland）：在改變一個人的行為之前，你必須先改變他對自己的看法。

- 《新約聖經》（希伯來書十一章一節）：信念（自我期許）是所望之事的實際，也是未見之事的確據。

- 〈TED 演講〉Angela Lee Duckworth：意志力是一種對長遠目標的熱情和毅力，是日復一日對未來的堅信。從人生長遠成就調查發現，成功的保證，並非健康、智商、外貌、家境、測驗成績、社交能力，甚至安全感，而是經久不變的意志力——堅定的自信心。

- 凱因斯：觀念可以改變世界。

🛜 四、最大的感動就是「簡單」（世上最偉大的故事）

- 〈感動的能力〉朱宗慶：說故事的背後仍要有道理。所謂道理，並非僵硬的教條，而是一種對於核心價值追本溯源的探問。沒有中心思想，再多華麗炫目的情節，也只是技巧高明的操弄，無法構成引人入勝感動人心的故事。

- 「簡單是一種高明」愛因斯坦：簡單的答案必出自上帝。如果無法用簡單的話來說明一件很複雜的事情，就代表你沒有真的懂。

- 《趨勢大師奈思比 11 個未來定見（Mind Set）》約翰‧奈思比（John Naisbitt）：我們對未來需有清晰的定見！未來就像一個拼圖，連結不同事物，需要多一點直覺，天才往往從細節著手，只有做出適當的關係連結，才能產生一個可理解的圖像（變得合理）……不變的圖塊是根基。然後找出各種相關的連結……世事變化一日千里……人人渴望一個穩定結構的出現，「只要一個簡單的架構，我們就能了解這個世界。」

🛜 五、更新天地復興文明

本文是有史以來第一次純脆由文字（word）（道）自己來說話。以圖解文字字義（閱讀法）的方法來論述「生命意義、宇宙價值及未來神聖文明復興」的關鍵，當然也就是「通識核心教育、通識閱讀法及永恆宇宙價值觀」的誕生之著。

- 皮克斯：領導力就是創造一個人們想存在其中的世界。

世界人心需要「正向天賦大我的神聖認同模式」。

靈性基因圖譜

因為

- 人類心靈深處，仍然沒有永恆的安身立命之所。

- 人類歷史尚未建立永恆的宇宙價值觀。

- 各宗教尚沒有未來共同的異象——方向方法方案。

- 人類哲學需要新觀念新天地新價值觀。

- 人類文學需要找到「最偉大的使命」。

- 人類的閱讀方法，缺少一種貫通一切經典的讀法。

- 哈佛大學及全世界通識教育者，不知道「基本核心通識」。

- 世界各國政府沒有共同的「文化基本教材」。

- 中華和世界諸文明找不到通往未來之路。

- 資訊時代需要一種回歸天道自然的靈魂覺醒。

- 古今文明的傳承銜接，中西文明的互通貫一，需要一種永恆
  而自然的天賦模式。

【模式一〈六祖壇經〉一切即一，一即一切（路）】

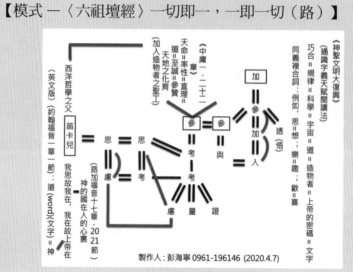

製作人：彭海寧 0961-196146 (2020.4.7)

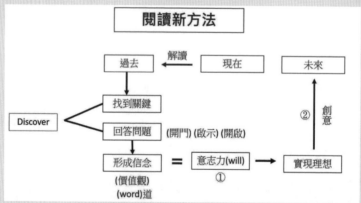

①意志力（恆毅力）（grit）是一種對長遠目標的熱情和毅力，是日復一日對未來的堅信，從人生長遠成就之多方調查發現，成功的保證並非在於健康、智商、外貌、家境、測驗能力、社交能力，甚至安全感等，而是經久不變的意志力（動機、毅力）──堅定的自信心。

②彼得‧杜拉克（管理大師）：預測未來最好的方法，就是去創造未來。

　　基連（Michael P. Green）說過一句話，他說：「探險家和遊客之間的基本差異就是遊客走馬看花，只停下來觀看眾所周知的事物；探險家則花時間去研究查看他所希望得到的資料。」內行看門道，外行看熱鬧。你的人生要找到門道，還是只是看熱鬧？這就是〈神聖文明大復興〉與眾不同之處了！

　　《未來的衝擊》和《第三波》的作者，也是未來學家的阿爾文‧托夫勒說：「21 世紀的文盲，是那些不會將自己歸零重新學習的人。」學習的本身是人類最大的樂趣和極大的產業，如閱讀和媒體，並且也是身心靈成長成熟的必備糧食。學習的最重要管道是閱讀，閱讀最重要的條件是：⑴精簡；⑵方法；⑶價值觀的統一；⑷跨領域；⑸促進全球和平合作；⑹統一古今中外一切人文學科形成全球共同的文化基本教材。

　　人類如果再不歸零重新學習，就將要被地球及造物者淘汰了，因此全世界都急於知道，什麼是核心通識之價值觀。那就是我在「通識直覺字義法」所揭示的，人類文明原本統一的源頭——文字之靈（上帝），已經親自借人心在歷世歷代發言；這是「文字」本身的價值觀，是跨一切人文學說門派的普世價值——讓文字自己來說話。所以我做的工作，就是神聖文明大復興，也就是萬國先知核心素養全人智慧直覺閱讀的工作。

　　作家張曉風女士曾說：「經典該怎麼讀？今人要如何來印證以往的思潮？民族的遺產要怎樣繼承怎樣增資？是否有一種萬年不變四海皆準的宇宙人生觀？」其實張曉風女士的意思是說，現代人當用什麼樣的心態（素養、價值觀）來看待中華文明聖人道統的永恆價值觀！正如同下面龍應台的一段話，這二位中華文化的重要繼承人，都在關心同一件事，那就是中華傳統文化，在未來和全球化中，將如何立足？如何傳承光大，安身立命，並對全世界做出偉大貢獻？

　　龍應台在《面對大海的時候》書中說：「國際化絕不是將自己的庭院拆掉，將自己的傳統拋棄。國際化是設法將鐵軌鋪好，找到銜接的地方。傳統永遠是活的，只是看當代的人有沒有新鮮的眼睛，活潑的想像力，大膽的創新力，去重新發現它、認識它，從而再造它。

　　因此，在全球化排山倒海而來時，最大的挑戰可能是到底我們找不找得到鐵軌與鐵軌銜接的地方，也就是西方跟東方，現代跟傳統，舊的跟新的那個微妙的銜接點；必須找到那個點，才可以在全球化的大浪裡，找到自己真正可以安身立命的地方吧。」

　　這正是我所發明的〈通識直覺字義閱讀法〉所能解決，所能承擔，所能定義和闡明的文明大事！真正的大人物、大能力、大眼光，只是平常。老子說：「道雖無名，樸雖小，卻為天下之至尊。天下難事，必能簡單解決；天下大事，必成就在於小事。」

　　所以，在《簡易十步釋經法》一書中，費爾與史多特（Gordon Fee & Douglas Stuart）說：「優良的解經，並非為要找出一些從沒有人發現過的獨特見解。解經的目的，其實非常簡單，就是要發掘出經

文最正常的意義而已。」

　　《通識直覺字義閱讀法》就是用最簡單最通俗最直接了當的方式來解經，來認識、來重新評估、重新發現全球各民族文字和經典文明中，永恆而普世的真理大道和價值觀！

真理→道

direct→direction

直接→方向

（**直接了當，即道即方向**）

《中庸‧第一章》

天命＝人性（理）＝率性（直理）＝道＝修道（研習直理）

＝教（教育）（蒙特梭利）（華得福教學法）──讓天賦自由

　　德國社會學大師馬克斯‧韋伯（Max Weber）說：「真正的先知預言，會創造出一個內在的價值基準，並且有系統地將行為導向此一內在的價值基準。」

　　Paulo Coelho 說：「世界會因你的典範而改變，而非你的意見。」

　　彼得‧杜拉克：「預測未來最好的方法就是去創造未來。」

　　上面這三段話中所說的「先知、典範、創造」之一貫內涵，就是我所說的《萬國大先知，人類大未來》以及《神聖文明大復興》和「核心素養，全人智慧」──《通識直覺字義閱讀法》的意思。

　　歐巴馬：「我們自己就是我們在等待的人。」

　　甘地：「你必須成為你希望看到的改變。」

　　趨勢大師約翰・奈思比說：「變幻莫測的世局中，我們對未來要有清晰的定見。教育真正的目的在於學習『如何去學習』，這是終身學習的不二法門。」

　　美國前教育總署署長波伊爾博士（Dr. Ernest Boyer）：「大學應當與人民密切的連結。深層來看並不需要更多的教育計畫，而是對國家的未來有一個更遠大的目標，更強烈的使命感，以及更清楚的方向。」

3-11

成立一個線上營銷系統

隨著時代的變化，越來越多人重視網路的便利性與事業發展性，所以許多公司從傳統的線下活動逐漸轉型成線上活動，這麼做對企業是有好處的，因為：

1. **人事成本下降**
2. **便利性提升**
3. **顧客端更容易配合**

有些講師常常在OPP等會議上發表演說，而他們的主要收入來源就來自演說結束後所銷售的產品和服務。因為聽眾感覺有所收穫，也是消費欲望最高的時候，所以他們會事先培訓好工作人員，以協助報名和導購產品，讓聽眾可以前去購買台上老師所推銷的服務。這種方式非常實用，那些世界級的大師們，有些已經 70、80 歲以上了，他們還是會用這種銷售的方式。由此可見，這種銷售模式是多麼實用。

但這種模式有個缺點，就是你的銷售數字會受到參加人數的限制而有其上限，願意購買課程的人可能不只現場的聽眾，那些因為某些原因沒有辦法出席活動的人，也可能對相關議題感興趣，只是他們不能來，因此也就不知道你的服務，最後就沒有買到你的方案。所以我們現在要來討論的

是網路會議的系統，這將徹底解決線下活動的限制。有了網路會議你就可以在網路上發表你的想法跟理念，而學員也不用再長途跋涉，千里迢迢地從各個地方跑來聽你演講，只要連上網路就可以參加會議了。

　　一般來說，網路會議就是使用簡報在網路上進行現場或事先錄製好的演說，只要你的聽眾能上網，並下載相關會議軟件，無論他們在世界哪個角落都能在線學習。更棒的是，你只要錄好一次網路會議，它就能一再重複使用。有些人礙於時間無法配合，在你要發表演說的時段，因為總總因素無法同時上線，這時你可以將錄好的影片檔傳給那些當下不能上線的學員，或邀請他們參與你下一次的線上會議。

　　這也是「自動化網路賺錢模式」的一種。多年來我透過網路賺了不少錢，我的學員遍布全台灣，台北、桃園、台中、南投、高雄、花蓮都有。海外的話有上海、馬來西亞、新加坡、澳洲的學員，他們都是因為聽了我的網路研討會的分享成為我的學員。

　　舉辦網路會議的長度建議在 60 分鐘到 90 分鐘。當然也有 3 到 4 小時的版本，但是近年來我發現學員因為身邊瑣碎事情繁雜，所以講太久有時候會讓他們不耐煩，或者是臨時有事他們就沒有再聽下去了。所以現在的分享都會盡量簡短為主。除非是已經報名的學員，或者是有強烈成功欲望的優質學員，方可試著跟他們分享更多的內容。

　　我在第一篇的懶人包裡面整理了幾個線上視訊會議平台，就是讓各位在打造線上營銷系統時使用，因為大多數企業主與網路行銷行家都在使用，我相信對你一定有所幫助。

　　還有另外一種線上會議的模式。這也是近年來許多團隊使用的模式，就是直接在社交平台開講，這種模式有好有壞，優點是聽眾相對比較多，

因為聽眾平常都在使用社交軟體，無論是Line或微信，讓他們再去下載一個線上視訊平台，有些多此一舉，而且還可以在群裡面發紅包，吸引網友們注意。也有缺點，就是會有一些刻意干擾會議秩序的人，他們可能會在分享過程中發廣告，製造混亂，如果是Line的用戶，有些會直接把聽眾或者講師踢出群組，然後把名稱改成他們的團隊。

▲大陸微信的線上講課模式

再複習一次社群營銷的流程：

**在你的社群魚池裡面打廣告告知活動→吸引消費者報名→舉辦線上說明會→
締結成交→售後服務。**

當你經營久了之後你會發現，就是這樣的流程，我們只是重複地做這
件事情而已，我們只是在做這件事情的時候修改更新了一些內容而已。

⚡ 線上會議的內容設計

再來我們要研究的是線上會議的內容要如何設計，我們共同追求的結
果就是收錢、收人、收心。那麼什麼樣的內容才能達到我們想要的結果呢？
我們來思考一下。

我常常跟學員分享六個行銷問句，可以讓我們明確地分析到底如何做
才能得到我們想要的結果，這六個問句分別是：

1. 我的客戶是誰？
2. 他們會在哪裡出現？
3. 他們為什麼要購買我的產品？
4. 他們為什麼會購買競爭對手的產品？
5. 他們為什麼要跟我買不是跟別人買？
6. 他們為什麼現在就要買？

對這六個問句徹底分析之後，你就知道到底要找什麼樣的客戶、如何

吸引他們、如何成功銷售東西給他們，以及如何服務他們。以我為例，由於我在商業培訓這個領域這麼多年，我得出以下的結論：

Q：我的客戶是誰？

A：想兼差賺錢的人、想創業的人、想找更多事業夥伴的人。

Q：他們會在哪裡出現？

A：他們會出現在各個商業培訓的課堂裡面。

Q：他們為什麼要購買我的產品？

A：因為我教的是最先進的商業智慧與策略。

Q：他們為什麼會購買競爭對手的產品？

A：因為他們有這方面的需求。

Q：他們為什麼要跟我買不是跟別人買？

A：我能提出競爭對手做不到的方案與服務。

Q：他們為什麼現在就要購買？

A：因為現在買有半價優惠，成功只屬於立即行動的人！

　　各位可以把這個行銷公式套用在自己的行業上，無論是直銷、保險、房地產等各行業都適用。再來，線上會議跟線下會議的流程大致一樣，為了讓會議看起來更正式、更隆重，最好找個好主持人，會議開始時，先請主持人開場，自我介紹，並說明大家參與這個會議的理由，接著再介紹今天的主講講師，整段開場最好用時在 5 到 10 分鐘就好，讓聽眾會期待接下來的內容。

⚡ 講師演講的流程

我覺得講師的演說流程如下：開場問候→自我介紹→介紹公司→介紹產品／課程→介紹獎金制度→客戶見證→立即行動。

📶 開場問候

讓我們來進一步說明一下這個流程。首先，開場問候就是先跟現場觀眾打招呼，發表感恩致詞，如感謝團隊、公司、推薦人等等，讓聽眾覺得你是一個充滿感恩之心的人，因為人人都知道感恩之心離財富最近。

📶 自我介紹

自我介紹不能隨便，你要講你過去是什麼樣的人、是什麼樣的因素讓你接觸到這個公司、產生了什麼樣的改變、未來你想要做什麼，這一切都要盡可能跟聽眾有關，如果你分享的內容跟他們沒關係，無法引起聽眾的共鳴。

我都會這樣自我介紹：「過去我是一個沒有好產品、沒有錢、沒有人脈、沒有社會經驗，甚至沒有自信的人。自從我意識到學習的重要性，就開始到處學習上課，近年來更是陸陸續續學習世界各領域大師們的智慧。我累積了許多知識，創造了許多銷售奇蹟。而當我認識了王晴天董事長之後，他給了我舞台，給了我機會，我現在是一個商業培訓的專業講師，未來我想幫助更多人提升商業能力，進而創造財富，實現他們人生的夢想。」

📶 公司介紹

再來進入介紹公司的階段，就把公司成立的初衷、使命與願景，還有特色及未來發展，分享給聽眾，切忌不要太長篇大論。如果你說得太多，

聽眾不耐煩可能就會離開了，所以介紹公司的時候簡潔扼要，我舉我們公司的背景給各位參考：

全球華語魔法講盟是亞洲頂尖商業教育機構，創始於 2018 年 1 月 1 日，總部位於台北，海外分支分別位於北京、上海、廣州、深圳、杭州與新加坡等地。我們以「國際級知名訓練授權者◎華語講師領導品牌」為企業定位，整個集團的課程、產品及服務研發，皆以傳承自 2,500 年前人類智慧結晶的「曼陀羅」思考模式為根本，不斷開創 21 世紀社會競爭發展趨勢中最重要的心智科技，協助所有的企業及個人，落實知識經濟時代最重要的知識管理系統，成為最具競爭力的知識工作者，幫助學員更有系統地實踐夢想。魔法講盟有 3 大魔法：

1. 為你搭建舞台

   魔法講盟辦的出書出版班，絕對保證出書，因為王晴天博士在兩岸擁有直屬的多家出版機構，還有強大的專業出版團隊，行銷管道遍及兩岸三地，保證出書即出道。魔法講盟辦的講師培訓班，結業後保證可上台，每年在兩岸舉行世界華人八大明師、亞洲八大名師等大型、中型與小型之舞台，提供展現培訓成果的平台，打造講師專業形象。魔法講盟辦的眾籌班直接與眾籌平台和VC連線，大陸眾籌班上課時都會有股市新三板的代表與會。

2. 為你統合人脈

   致富的最快途徑就是「借力」，借別人的錢、借別人的才能、借別人的人脈……但問題來了，如果對方不認識你，這時候你要怎麼辦呢？這時候你可以去找他，然後問他：「有沒有什麼事情需要我幫忙的？」（給得越多，獲得得越多）再不然還有一個最快

的方法：去買他的產品。例如你想認識中國第一講師，就去買他的課程，成為他的學生，那麼自然就能結識他了，拍張合照也不是問題。

魔法講盟結合各方菁英專家與各界大咖，自助互助發揮綜效之餘，也讓其他學員能夠借力，運用跨界資源快速致富，站在巨人的肩膀上直接邁向成功，共創有效的商業模式，共享雙贏。

3. 為你指引方向

若有任何創業經營管理方面的疑難雜症，隨時可以個別跟會長、師父及師兄師姐們請益，得到最符合自己需求也最實用的建言，可以少走彎路，也不致於進入誤區。魔法講盟大家長王晴天是兩岸知名企業家，人生經驗豐富，人脈存摺豐沛，是國寶級大師，現願意親身為你服務，機會實屬空前！魔法絕頂，盍興乎來啊！！

介紹產品／課程

　　介紹完公司背景之後，就要進入介紹產品／課程的環節了，因為我們是商業培訓機構，所以我用課程來示範：

　　為了協助學員們提升商業競爭力，學習最有效的商業智慧，我們設計並代理了一系列的課程，包含：

1. Business & You（15 日完整班）

　　特色：由世界五位知名的培訓大師所聯合創辦的國際品牌課程，包含了能力、激勵、人脈三大顯學的精神與落地方法。欲了解詳情，請掃右方 QR code。

2. WWDB642 神奇的創富複製系統

　　特色：這是一套完整的，經過驗證有效的可以幫助團隊組織進行寬度、深度的訓練方法。關鍵核心在於「複製」。把擁有多元化自由思維的夥伴們整合思想，倍增團隊。欲了解詳情，請掃右方 QR code。

3. 公眾演說班暨世界級講師培訓班（4 日完整班）

　　特色：培訓界到處都有公眾演說培訓課程，我們與外面不同的是我們提供舞台和人脈，讓更多的人認識你。公眾演說也是出人頭地最快的捷徑。欲了解詳情，請掃右方 QR code。

4. 週二講堂（帶狀課程）

　　特色：這是結合了各行各業的專業與智慧的課程，每一次都會邀請不同領域的專家來分享他們的專業，你可以在其中建立對你事業有發展價值的優質人脈。

欲了解詳情，請掃右方 QR code。

5. 寫書與出版實務作者班（4 日完整班）

特色：書是最好的名片，所有領域的專家、權威的
共通點就是：他們都有出一本書，我們不但協助你
出書，更有機會協助你成為下一個暢銷書作家。欲
了解詳情，請掃右方 QR code。

6. 從零致富體驗營

特色：痛苦是通往成功的必經過程嗎？不一定，這
堂課的理念就是要從快樂學習的角度，幫助你邁向
快樂豐盛的成功人生。欲了解詳情，請掃右方 QR
code。

7. 亞洲八大名師

特色：由各行業專家、權威上台PK演說，讓大家評
分，選出最優秀的八位優勝者，組成當屆八大名師
之平台。未來有機會爭取到更多國際舞台，提升影
響力。欲了解詳情，請掃右方 QR code。

8. 終極商業模式——眾籌

特色：一般人有好的想法，產品想要發揮、卻因為
資源不足所苦，這個班成立的目的就是要幫助你學
習到眾籌的方法與資源。讓你事半功倍。欲了解詳
情，請掃右方 QR code。

9. 超級好講師，徵的就是你

特色：坊間的講師培訓課也許只是教你順利地完成一場演說，但不一定教會你講完就收錢的本領，這堂課將會有效地教會你透過演講收人又收錢。欲了解詳情，請掃右方 QR code。

10. 區塊鏈國際授證講師班

特色：區塊鏈目前對於各方的人才需求是非常的緊缺的，而坊間能提供這方面的專業培訓機構也非常少，魔法講盟是少數能提供講師授證的機構。欲了解詳情，請掃右方 QR code。

介紹獎金制度

以上是關於本公司產品的介紹，再來如果是招商會性質的話，就可以講一些獎金制度。這部分可以上網搜尋一些獎金制度的影片，你會找到許許多多不同的範本。

客戶見證

接著就是客戶見證，記得我說過，人們比較願意相信身邊原本就信任的人。現在的人們不太容易相信所謂的大眾媒體，因為他們都知道，這些媒體不具有公信力，很多都是只要用錢就可以買來的。

安麗在台灣算是歷史悠久的一家直銷公司。事實上，他們以前是不花錢打廣告的，靠的就是好的產品跟獎金制度，以及口耳相傳的行銷技巧，因此成為台灣最大的直銷公司之一。不僅傳直銷，其他行業中，客戶見證也都是很關鍵的因素，且要不斷地更新客戶見證，多利用不同類型的媒介，

像是客戶親筆寫下的感謝文字或照片，或者利用現在很流行的視頻，錄下客戶見證或是權威背書。

📶 立即行動

最後一點就是呼籲聽眾立即行動！記得無論是什麼樣的會議，最後一定要給聽眾一個立刻行動的理由，因為我們辦說明會就是要聽眾行動，對吧！如果你不給聽眾一個立即行動的理由，他們就會拖延，這是人的慣性，這不是他們的錯，而是我們沒有給聽眾一個立即行動的誘因。那麼，如何可以讓聽眾聽完之後立刻做決定呢，我在這邊給各位三個方向，就是限時、限量、限價格。

通常消費者在消費前內心都會有一些猶豫，思考究竟有沒有消費的必要性，如果是高單價的商品更是如此。我曾經銷售過一種課程，是一個兩年的國外碩士專班，而且還不保證一定拿得到畢業證書。課程單價高達 80萬，如果是你，在報名之前你會考慮什麼？會不會猶豫？

我的經驗是這樣的，學員在報名這堂課程前，會先思考進修的動機、進修的必要性、進修後帶來的好處與結果，就算一切都找到一個合理的理由了，接下來他們會考慮到現實面，就是關於這筆學費要如何負擔，是要一次性繳清呢？還是分期付款？或是貸款？再來就會衍生更多的問題，例如家人支不支持呀，公司有沒有補助呀，如果要辦貸款，還要看他們的聯徵紀錄，還要找可以配合的信貸公司。99%的學員通常思考到最後只有一個結論，就是放棄進修，我們銷售人員一定想方設法鼓勵對方進修，這時候我都會用這三個方向去跟學員溝通。

我會先提醒對方進修的必要性，用各種方式鼓勵學員，但是針對猶豫

不決的學員，我就會這樣告訴他們，如果今年的課程沒有考上的話，明年學費會再調漲、進修的門檻會提高，以此刺激他們立即行動。所以你也可以運用這三個方向去跟你的學員溝通，我們來看一下範例：

限時：因為 xxx 因素，這個產品只賣到今天，請立即行動！

限量：這是非常稀缺珍貴的商品，只剩最後五款，立即行動！

限價格：現在買 xx 產品只要半價，明天過後恢復原價，要買要快！

只要對方是真的想買你的產品，這時候他們就會行動。如果是高單價的商品，你就要不斷地鼓勵他們，客戶有時候會害怕做決定，因為他們怕做錯誤的選擇，你既然是他們的顧問，就應該扮演好這個角色。

3-12

複製下一批營銷教練

終於來到了最後一個步驟，就是複製下一批營銷教練。你也可以定義這是在做售後服務，因為銷售之神喬·吉拉德說過：「成交是下一次銷售的開始。」你可能不知道喬·吉拉德是誰，他是我生命中的貴人。喬·吉拉德（Joe Girard）是世界上最偉大的銷售員，連續 12 年榮登金氏世界紀錄銷售第一的寶座，他驚人的汽車銷售紀錄，至今無人能打破：

- 連續 12 年平均每天銷售 6 輛汽車
- 一天最高賣出 18 輛汽車
- 一個月最多賣出 174 輛汽車
- 一年最多賣出 1,420 輛汽車
- 一生賣出 13,001 輛汽車

喬·吉拉德也是遠近馳名的演講大師，曾向世界 500 強企業精英演說他的成功經驗，聽過他演說的人們無不被他的演講內容所折服，被他的故事所激勵。

我在 2016 年曾參加他的課程，當時因為身無分文，所以沒有機會與他合影留念，這也成為了我這輩子最大的遺憾之一，因為他老人家已經離開我們了。

　　在他眾多的銷售理念中，我記得最清楚的一句話，就是「成交是下一次銷售的開始」。很多銷售人員在成交之後就不再理會顧客了。但是老師認為成交不是結束，而是下一次銷售的開始，因為客戶還會回購，如果你的服務讓他們滿意，他們還會介紹他們的朋友繼續給你服務。

　　同樣的道理，在我們社群營銷的領域中，只要你服務得好，學員就會願意幫你轉介紹，不過也有這種情況，他們可能不知道身邊還有誰有需求，或者是他們不知道該怎麼介紹你。我就常常遇到，我的學員覺得我教的東西很有內容，他們想要邀請他們的朋友一起來學，但是怎麼約都約不過來！

　　約不過來的原因有很多，可能是對方沒興趣、可能是學員的邀約不夠專業、也可能是其他因素，我們可能就因此錯過下一次的銷售機會，所以這邊有一個好建議提供給各位，就是請你的學員們建立他們自己的群組，然後邀請他們 Line 裡面的朋友進去。

　　記得我前面說過的話嗎？你必須自己建立一個群組，這樣你才有社群的影響力跟決策權，同時也可以讓更多的人關注你，所以當你的新夥伴加入你的團隊時，你可以要求他們建立自己的群組，然後再邀請他們的朋友進群，這樣就可以快速地打通你的市場了。

　　事實上現在很多團隊都這樣做，因為「量大是致富的關鍵」。你的群組越多，代表你的粉絲越多，就有越多人有機會購買你的產品或服務。如果你的好友超過 500 人，那就再開第二群、第三群。事實上，我認為一位合格的社群營銷教練，至少要有 6 個以上 500 人規模的群組才行。

　　如果你是經營台灣市場的 Line，這時候可能會遇到一個問題，就是有人惡意翻群，即是惡性用戶進你的群把你的朋友全部踢出去，我就曾遇到這種困擾，那時候晚上還擔心到睡不著覺。誰都不希望自己辛辛苦苦經營

的群組被人翻群，在這裡我以過來人的經驗分享兩個概念給你：

第一個概念就是，每個群組都有壽命。我所謂的壽命不是說時間到了群組會自然消失，我的意思是當人們進入到一個全新的群組時，他們會觀望一陣子，並且嘗試了解群組內的成員以及內容。但是過了三五個月之後，他們熟悉這個群組的性質之後，可能就不再那麼在意了，於是漸漸地打開群內訊息的速度變慢了、變少了，最後就離開了。所以每隔三個月到半年就要換新群組，最好連主題也一起換，這樣才能保持群組的新鮮感以及學員的黏著度，同時你也可以淘汰掉一些群內早已不關注你的人。

這是第一個概念，如果你無論如何都要保護現有的群組，我再跟你分享第二個概念，就是去購買一個防翻群的機器人。防翻群的機器人價格不貴，一個才 500 元上下，但它卻能有效地幫你保護好你的群組，從此不再受惡意翻群的困擾。

當你的事業越做越大，就一定會引來他人的惡性競爭。所以，我在 2017 年發現了這個軟件時，天知道我有多高興！以前我要找到賣防翻群機器人的人難如登天，而且當時一個要賣到 1,000 元，一年續約費 500 元，但是現在一組只要 500 元就行了。它會保護你的群組不讓他人入侵，如果有人在群內濫發廣告，它也可以備註黑名單，讓那些惡意帳號永久無法進群。也就是說，我們的很多群組目前只有我自己可以邀請新朋友跟移除群內朋友，其他人都不行，但是它有一個指令碼，一旦輸入指令就可以開放他人邀請權限，想了解更多的朋友也歡迎寫信連繫我唷。

PART 4

後記

4-1

感謝我的父母

　　這本書從決定動筆到完稿，只花了我40天不到的時間！是因為我追求高工作效率嗎？不是，是因為我想快點讓這本書上市，幫助更多需要幫助的人。這對一個從來沒有出過書的我來說，是一個前所未有的挑戰，過程中我遇到好多的狀況，常常想不出要寫什麼東西，還要忙公司的業務，還要服務我的學員，還要回家陪家人，還有其他事情要處理，我感受到前所未有的壓力。

　　當我在寫書的時候，同時也在回憶我的人生，想著想著不自覺地就流下了眼淚，因為想到以前自己的叛逆與不爭氣，常常讓父母擔心。我記得有一年大學實習的時候，為了體驗出去住的自由而跟媽媽大吵一架，現在回想起來覺得當時的自己太過幼稚。不只如此、小時候的我個性好強不服輸，常常跟同學或朋友打架，每次都搞得學校老師要找我父母約談。有一次媽媽實在受不了了，把我帶到警察局罰站，她告訴我那裡是壞人要去的地方，我愛跟別人打架，是個壞孩子，所以我要去那裡。

　　國中的時候因為愛玩，沒事就喜歡去網咖打電動，書也不好好唸，國三的時候理所當然被分發到了放牛班，因為叛逆，常常翹課去打撞球，最後運氣好考上了一所公立學校的末段班。

　　高中的時候，我依然不改愛自由的個性，總是玩到很晚才回家，考試

的時候總是全班倒數前五名。我還記得寒暑假的時候大家都在放假，我卻還要去學校補修。直到升上了高三，我開始思考我未來的求學路，有一個同學竟然跑來跟我說：「上大學以後我們要繼續放蕩下去。」

就因為這句話，我才驚醒。如果我再不努力，我未來的人生是什麼？我未來的發展又會是什麼？難道我還要這樣繼續浪費我的人生嗎？不，我的人生不應該只有這樣。

於是我開始認真讀書，當時的我，花了全部的時間與精力在課業上，我的老師覺得不可思議，因為我的成績從吊車尾開始慢慢地爬上來了，我每一次的模擬考成績都比前一次還高分。最後，我跌破眾人的眼鏡，以全班第三名的身分畢業，考上了當時台北前三名的亞東技術學院。

可是上了大學之後，我又失去了目標。看著身邊的同學每天都在玩樂，我也跟著他們一起，曾經的夢想、理想都不見了。我選擇打工賺錢，當時我的時薪有 100 元，我覺得很新鮮，因為我可以自己賺錢去買自己喜歡的東西。到了大三，同樣的問題又來了。我要繼續升學考研究所，還是去科技業實習，我又面臨了人生的抉擇，比起高中升大學更困難的是，我的選擇變多了，但是我不知道到底哪一條路才適合我。

最後我選擇了去工廠實習，但我做不到三個月我就知道這不適合我，因為我缺乏熱情、不在意工作的結果，只在意下班後的自由。這對當時的我挫折很大，因為我花了七年的時間學習理工知識，最後才發現這個事實。

實習結束後我選擇了第二條路——升學考研究所，但是我意識到理工不是我的熱情所在，所以我決定去讀商學研究所，我以為我又會像以前高中考大學那樣，創造不可思議的成績。但是這次事與願違，因為我只有不到一年的時間準備，而且又是從沒接觸過的領域，其他學商的學生一點就

通的理論公式，我至少要看三遍才能搞懂，怎麼可能會有好的結果呢？後來我還是考上了一所南部的學校，但是我覺得就算唸完了也改變不了我的未來。最後放棄進修選擇當兵。

退伍後，一個職場前輩邀請我去做直銷，當時的我看到直銷領導人接受公司表揚的畫面，深深地被打動了，我告訴自已以後也要像他們一樣成功，所以我開始了我的直銷事業。結果就如同各位知道的，我做了 4 年都沒有成績，做到最後身邊所有人都對我避之唯恐不及，媽媽是唯一最支持我的人，但是我又讓她失望了！職場是一個很現實的地方，適者生存，不適者淘汰，我離開了我最擅長的工程產業，投入到一個全新的商場，等待我的不是希望，而是一連串的打擊。我在一次又一次的挫折中掙扎，同時又沒有可以訴苦的地方，因為我的好朋友都離開我了，我的家人不期待我成功，他們只要我找個平凡的工作，但我不知道平凡的工作在哪裡，我每次做的工作不是跟同事、老闆吵架，就是被資遣，更糟的是，還被同事落井下石，我不知道哪裡有適合我的安穩工作。

有一天，我在逛商場的時候看到了一本書，作者推薦了一個老師，我對那個老師的人生充滿興趣，因為他的遭遇比我慘，他的背景跟我相似，但同時他又擁有了我渴望已久的成功人生，我也因此認識到了教育培訓這個行業。當我要再一次挑戰未來的時候，其實身邊根本沒有人支持，我也深知這件事情，所以我沒有跟任何人說，自己開始默默地研究老師們說的每一句話、每一個方法。

紙是包不住火的，當我把我跟行銷大師傑・亞伯拉罕的合影放在我的臉書時，我的身邊朋友開始看到了我的改變，沒錯！這是我唯一一次覺得我人生中做的最正確的決定，在此之前沒有人告訴我。我只是開始意識到，

周圍朋友看我的神情不一樣了！我為了追求成功的未來，比以前更加努力學習銷售、行銷與公眾演說，開始去做以前沒有做過的事情，因為我知道我不能停下來。我的爸爸已經退休了，我不能再是以前那個無所事事的我了，我也回不到過去。我知道是時候必須扛起這個家了，一定要成為能讓父母安心的乖兒子、成為學員們的榜樣、成為我公司的驕傲。為了這個結果，我必須比以往更加倍地努力才行！

　　我的老師告訴我，大多數人成功不是為了追求快樂，而是為了逃離痛苦，以前的我人生過得太舒適了，所以我無法成功。現在我的肩膀上扛著許多人的期待，我不想再回到過去的生活，我追求成功是為了逃離痛苦。我知道被家人放棄的悲傷、被朋友避而遠之的孤獨、被同事排擠的憤怒，還有有苦不能說的不甘。最重要的是，我知道不成功給我帶來的痛苦！

4-2

推薦營銷書單

在我多年來的學習之路上，我靠了許多貴人們的幫忙，沒有他們就沒有我。所以我想要在這邊把我推薦的老師們的智慧推薦給各位讀者，我就是這樣成長過來的。如果你也想追求卓越，你可以看看他們的成功智慧。

【書名】《市場 ing》

【作者】王晴天

【推薦原因】史上最完整的行銷學，書中有很多案例可參考。

【推薦指數】：★★★★★

【書名】《絕對成交》

【作者】杜云生

【推薦原因】完整的銷售流程，適合各行各業銷售人員學習。

【推薦指數】：★★★

【書名】《一台筆電，年薪百萬》

【作者】傅靖晏 Terry Fu

【推薦原因】很有邏輯的網路行銷教學，容易理解。

【推薦指數】★★★

【書名】《商戰大腦格命》

【作者】王鼎琪

【推薦原因】資訊爆炸的現代，人們需要一本優化大腦的書

籍，鼎琪老師的書能幫助你優化大腦的全方位能力。

【推薦指數】★★★

【書名】《網銷獲利關鍵：打造無限∞金流循環》

【作者】張光熙

【推薦原因】清晰地幫我們釐清網路營銷的運作與規則，內容

豐富干貨多。

【推薦指數】★★★

【書名】《投資&創業の白皮書》

【作者】吳宥忠

【推薦原因】完整地幫我們解析創業中容易遇到的問題，並

提供高效的解決方法。

【推薦指數】★★★

【書名】《暢銷書作家是怎樣煉成的？》

【作者】王擎天

【推薦原因】書是最好的名片,這本書會教你如何成為暢銷書作家,讓更多人認識你。

【推薦指數】★★★★★

【書名】《下一個奇蹟就是你》

【作者】梁凱恩

【推薦原因】我們大腦裡有許多限制性的思想,本書作者會跟你分享他的親身經歷,幫助你突破。

【推薦指數】★★★

【書名】《商學院 MBA 無法教的核心賣點》

【作者】杜云安

【推薦原因】除了熟悉工具外,也要學會商業行銷模式。本書分享了很多實戰的行銷策略與心法,非常實用。

【推薦指數】★★★

【書名】《公眾演說的祕密》

【作者】王擎天

【推薦原因】公眾演說是出人頭地最快的捷徑,這本書會教你所有完成公眾演說必備的技巧。

【推薦指數】★★★★★

【書名】《投資完賺金律:套利＆投資的關鍵》

【作者】羅德

【推薦原因】新手投資者必看的書，有邏輯的投資教課步驟，可以幫你流程化地邁向財富之路。

【推薦指數】★★★

【書名】《斜槓創業》

【作者】王晴天

【推薦原因】多元化的現代，你需要斜槓的收入思維，這本書會分享很多斜槓創造收入的模式。

【推薦指數】★★★★★

【書名】《我是 GaryVee：網路大神的極致社群操作聖經》

【作者】蓋瑞・范納洽

【推薦原因】因為作者是外國網紅，閱讀本書可以打開你不一樣的網路行銷經營思維，內容非常詳細受用。

【推薦指數】★★★

【書名】《我是微商：從部落格、FB、Line@到微信，向自媒體大師學習月入兩百萬的網路銷售術》

【作者】徐東遙

【推薦原因】大陸微信版的實戰經營手冊，非常實用，本書能教你用更低的成本經營大陸市場。

【推薦指數】★★★

【書名】《征服臉書》

【作者】鄭至航

【推薦原因】高效集客,快速建立臉書品牌的好書。

【推薦指數】★★★

【書名】《網路行銷究極攻略》

【作者】羅素‧布朗森

【推薦原因】本書說出其他書籍都沒有公開的網路行銷祕
密,非常推薦。

【推薦指數】★★★★★

【書名】《億萬富翁讚出來》

【作者】江兆君

【推薦原因】網路創業必看的行銷書籍,內容很多實用的工具與經營心法。

【推薦指數】★★★

【書名】《用聽的學行銷 32CD》

【作者】王寶玲、王在正、伯飛特、衡南陽

【推薦原因】如果你是不愛看書的人,推薦你這個另類的學
習模式,可以用瑣碎的時間學習成長。

【推薦指數】★★★

【書名】《TSE 絕對執行力》

【作者】杜云生、杜云安

【推薦原因】拖延？犯懶？你需要強烈的決心和執行力，本
書改變了作者，相信對你也有幫助。

【推薦指數】★★★

【書名】《麥凱銷售聖經》

【作者】哈維‧麥凱

【推薦原因】完整的解析人類的各大需求，相信對你一定受用。

【推薦指數】★★★

【書名】《逼人買到剁手指的 77 個文案促購技巧：抓住眼球、刺進要害、
留在心上的廣告文案力》

【作者】川上徹也

【推薦原因】寫文案遇到瓶頸？別擔心，本書收錄了許多寫文案的公式與
技巧，幫助你提升寫文案的功力，讓財源如浪潮般流進來。

【推薦指數】★★★

【書名】《與成功有約》

【作者】史蒂芬‧柯維

【推薦原因】世界大師的名著，值得一推。

【推薦指數】★★★

【書名】《讓上億人看到你：幾乎免費卻極有效的 5 秒 YouTube 影片宣傳術》

【作者】德山亨

【推薦原因】經營 Youtube 者必讀的一本書。

【推薦指數】★★★

【書名】《有錢人想的跟你不一樣》

【作者】哈福・艾克

【推薦原因】有錢人到底在想什麼？本書會幫你一一分析有錢人的思維與行為。

【推薦指數】★★★

【書名】《公眾承諾的威力》

【作者】許伯愷

【推薦原因】目標總是沒達成？那是因為你不懂得公眾承諾，本書會教你達成目標的許多方法。

【推薦指數】★★★

4-3

推薦營銷課程

　　雖然閱讀書籍可以幫助到各位讀者，但是讀書有時候能幫的效果有限，例如資訊無法自動更新，很多訊息在剛開始可能很有價值，但過了一兩年之後就沒有價值了。或者是，當你閱讀書裡面的內容時，遇到了問題沒有人能幫你解答，這時候就可以考慮上課，由老師替你解決疑惑。雖然常常聽人抱怨說：「上課好貴，每個課都要 3 萬、5 萬的，我沒那麼多錢。」但老實說，就是因為你沒錢，所以才要上課學習呀！

　　我非常熱愛學習，是因為我知道在課堂上我可以學到老師們的智慧，我還可以建立最優質的人脈，這些對我事業發展都是有幫助的。反觀你去路上找個路人談合作，第一他對你缺乏信任，第二你們沒有共同的思維，豈不是根本就是在浪費彼此的時間？所以上課是一種投資，你投資時間、金錢去學習，累積能力。當遇到對你的專業有需求的人，馬上就可以談合作了。過去這幾年，這件事情已經發生在我身上無數次了。

　　所以我推薦以下的課程，這些課程徹底地改變了我，我也希望能幫助到你！

【課程名稱】Business & You
【主辦公司】魔法講盟

【推薦原因】集合五位世界大師的智慧課程，幫你打開財富的開關。

【課程名稱】WWDB642 創富複製系統

【主辦公司】魔法講盟

【推薦原因】打造萬人團隊的祕訣都在於此，想做萬人領導必學的一堂課。

【課程名稱】公眾演說班暨講師培訓班

【主辦公司】魔法講盟

【推薦原因】公眾演說是出人頭地的捷徑，魔法講盟不但提供培訓，更準備了舞台，讓你發光發熱。

【課程名稱】寫書與出版實務作者班

【主辦公司】魔法講盟

【推薦原因】書是最好的名片，要讓人相信你是專業人士，最好的方法就是出一本書，魔法講盟更有機會協助你成為暢銷書作家。

【課程名稱】終極商業模式──眾籌

【主辦公司】魔法講盟

【推薦原因】創業需要資金、資源，魔法講盟教你如何用更少的成本獲取更大的利益，讓你事半功倍，越做越大，越做越輕鬆。

【課程名稱】區塊鏈國際授證講師班

【主辦公司】魔法講盟

【推薦原因】區塊鏈是未來的趨勢，魔法講盟不但提供課程，更有效幫助你取得證照，讓你成為下一個趨勢影響者。

【課程名稱】亞洲八大名師高峰會

【主辦公司】魔法講盟

【推薦原因】若你是商場新人，可以藉由這堂課學習到各領域的專家權威；若你是專家，有機會成為站上這國際級舞台，成為眾人的目光焦點。

【課程名稱】如何打造賺錢機器

【主辦公司】創富教育

【推薦原因】到底怎麼做才能成功？如何才能有錢又有閒？這堂課將會教你富人的思維與成功之道，各行各業都適用。

【課程名稱】網路行銷技術研討會

【主辦公司】原點行銷

【推薦原因】打造自動賺錢系統不是夢，彥良老師將會在研討會中教你如何打造屬於你的自動化網路賺錢系統。

【課程名稱】全腦高效學習法

【主辦公司】啟程學院

【推薦原因】資訊爆炸的現代，我們的大腦究竟能不能跟得上趨勢的改變，鼎琪老師將會教你讓大腦全方位提升，贏得每一場商業戰爭。

4-4

下一個營銷魔法師就是你

　　感謝你看到了這裡，我不知道你看到了尾聲，你收穫了多少？你對這本書的感受又是如何？科技的變化越來越快速，10年後的世界會是怎樣的面貌？人類的工作會被機器人取代嗎？屆時需要什麼樣的人才？2030年的台灣會是什麼樣子？都充滿了未知數。

　　以社會經驗來說，充其量我只能算是個新鮮人，但是在業界來說，我已經算是個小有知名度的老師了。以前我不敢自稱老師，因為這個行業比我成功的人比比皆是，也沒有人願意為我背書。可是我渴望快速成功，我希望幫助這個社會更多的人，所以需要更多的知識與能力。當我3年前悟到這件事情以後，我開始大量學習，無論是銷售、行銷、公眾演說等，只要能助我快速成長的知識，我都一一接觸並吸收，如今，我這些累積來的實務經驗讓我設計出了一套快速裂變的社群營銷系統，就是希望幫助更多人可以透過網路發展他們的事業。

　　所以我想邀請你，沒錯，就是此刻正在閱讀此書的你，成為我的合作夥伴。我不敢說一定可以幫助你成為億萬富翁，但是以我多年來的經驗，相信一定可以幫助你成為下一個社群營銷的專家。這是未來的趨勢，也是每個經營者必學的技能，我教你的不是過時的東西，而是能用一輩子的商業思維。同時我也想邀請你加入我們的大家庭，我們魔法講盟的創辦人王

晴天博士，是個藏書無數，知性與理性兼具的大企業家，我從他身上學到了太多東西，他有非常多的資源可以幫助你，我們還有許多各行各業的專家，可以全方位地協助你邁向成功之路。

一個觀念，可以改變一個人的命運；
一個點子，可以改變一個家族的企業願景！

　　這就是我想要邀請你加入我們大家庭的原因，一個人幹不過一群人，來到我們大家庭的好處多多，你可以聽到、知道、學到、看到許多不同的人、事、物，我也隨時都會在這裡幫助你。

　　最後衷心感謝你購買這本書並閱讀至此，希望本書的內容能夠讓你收穫滿滿，以下是我的 FB 與連繫 E-mail。歡迎你與我溝通互動，謝謝。

魔法講盟官網：https://www.silkbook.com/page4-1.asp
魔法講盟粉絲專頁：https://www.facebook.com/mofajm/
我的 Line ID：TM101S
我的微信 ID：a26821800
我的 FB：https://www.facebook.com/a26821800

Youtube 頻道　　臉書粉絲專頁　　Line ID　　Line@

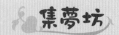

社群營銷的魔法：社群媒體營銷聖經

出版者●集夢坊
作者●陳威樺
印行者●全球華文聯合出版平台
總顧問●王寶玲
出版總監●歐綾纖
副總編輯●陳雅貞
責任編輯●Dorae
美術設計●Mao
內文排版●王芋崴

國家圖書館出版品預行編目（CIP）資料

社群營銷的魔法：社群媒體營銷聖經／陳威樺 著
-- 新北市：集夢坊出版，采舍國際有限公司發行
2020.9　面；　　公分
ISBN 978-986-99065-2-4（平裝）
1.網路行銷　2.網路社群

496　　　　　　　　　　　　　　　　109011437

商標聲明
本書部分圖片來自Freepik網站，其餘書中提及之產品、商標名稱、網站畫面與圖片，其權利均屬該公司或作者所有，本書僅做介紹參考用，絕無侵權之意，特此聲明。

台灣出版中心●新北市中和區中山路2段366巷10號10樓
電話●(02)2248-7896　　　　傳真●(02)2248-7758
ISBN●978-986-99065-2-4　　出版日期●2020年9月初版

郵撥帳號●50017206采舍國際有限公司（郵撥購買，請另付一成郵資）
全球華文國際市場總代理●采舍國際 www.silkbook.com
地址●新北市中和區中山路2段366巷10號3樓
電話●(02)8245-8786　　　　傳真●(02)8245-8718

全系列書系永久陳列展示中心
新絲路書店●新北市中和區中山路2段366巷10號10樓　　　電話●(02)8245-9896
新絲路網路書店●www.silkbook.com　華文網網路書店●www.book4u.com.tw

跨視界‧雲閱讀 新絲路電子書城 全文免費下載 新‧絲‧路‧網‧路‧書‧店 silkbook○com

華文自資出版平台
www.book4u.com.tw
mybook@mail.book4u.com.tw
全球最大的華文自費出書集團
專業客製化自助出版‧發行通路全國最強！

Speak Up, Show Up, and Stand Out

斜槓職涯新趨勢——

超級好講師，徵的就是你！

最好的斜槓就是當講師

你渴望站在台上辯才無礙，為自己創造下班後的斜槓收入嗎？

你經常代表公司進行一對多教育訓練，希望能侃侃而談並成交客戶嗎？

你自己經營個人品牌，卻遲遲無法跨越站上舞台的心理障礙嗎？

你渴望站在台上發光發熱，躍升成為眾人矚目、受人景仰的專業講師嗎？

你想以講師之姿，跨入兩岸多地的培訓市場，利用年假賺人民幣並順便壯遊嗎？

不論您從事任何行業，都應該了解海軍式的會議營銷技巧，以講師斜槓幫助本業！

1

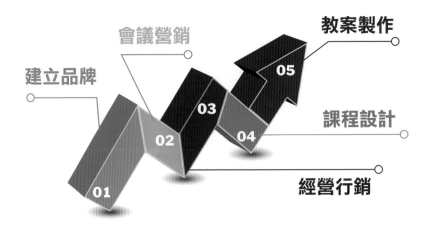

建立品牌
會議營銷
教案製作
經營行銷
課程設計

01
02
03
04
05

只要你願意，

魔法講盟幫你量身打造成為超級好講師的絕佳模式，

魔法講盟幫你搭建好發揮講師魅力的大小舞台！

只要你願意，

你的人生，就此翻轉改變，你的未來，就此眾人稱羨，

別再懷疑猶豫，趕・快・來・了・解・吧！

課程說明

　　講師可以手拿麥克風，站上演講台，一邊分享知識、經驗、技巧，還可以荷包賺得滿滿，又能讓人脈源源不絕聚集而來，擴大影響半徑並創造許多合作機會，是很多人嚮往的身分。

　　世界上最重要的致富關鍵，就是你說服人的速度有多快，說服力累積到極致就會變成影響力，影響力來自於說服力，而最極致的說服力就來自於一對多的演說。

声音
- 音量音質
- 語氣語調
- 話速話量

38%

文字
- 用字遣詞
- 關鍵字句
- 講題內容

7%

肢體
- 臉部表情
- 手勢儀態
- 穿著服飾
- 裝扮道具

55%

　　如果您想要當講師，背景能力不限，魔法講盟可以一步步協助您做好所有基本功，經過反覆練習後，找到合適的主題，開創自己的講師舞台，助您建構斜槓新人生！

　　如果您是公司老闆，企業規模不限，魔法講盟將協助您培養完善的表達力，在員工和客戶面前侃侃而談，更有效地領導員工並成交客戶！

　　如果您是組織領袖，團隊大小不限，魔法講盟將協助您培養一對多演說的能力，進而建立內部培訓體系，更輕鬆地打造能賺大錢的戰鬥型萬人團隊！

　　如果您是培訓講師，講師年資不限，魔法講盟可以擴充您的授課半徑，擴大您的演說舞台，讓您不僅能把課講好，還能提高每場課程的現場成交業績！

☑ 我們有銷講公式、hold 住全場的 Methods 與演說精髓之 Tricks，
　 保證讓您可以調動並感染台下的聽眾！

☑ 我們精心研發了克服恐懼與成為講師的 CCA 流程，是培訓界唯一真正正確闡明 73855 法則，並應用 BL 式 PK 幫您蛻變的大師級訓練！

☑ 我們擁有別人沒有的平台與舞台：亞洲八大名師、世界華人八大明師、魔法週二講堂……保證讓您成功上台！

☑ 我們有最前沿的區塊鏈培訓系統，可賦能身處於各領域的您，讓您也能成為國際級區塊鏈講師！更培訓您具備區塊鏈賦能之應用實力。

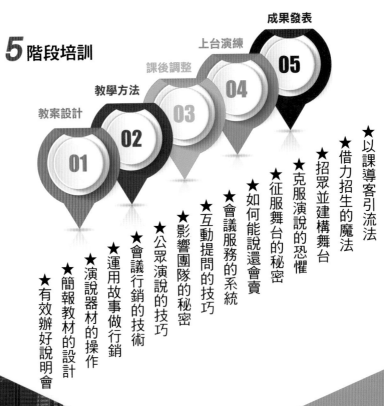

5 階段培訓

- 教案設計 **01**
- 教學方法 **02**
- 課後調整 **03**
- 上台演練 **04**
- 成果發表 **05**

★ 以課導客引流法
★ 借力招生的魔法
★ 招眾並建構舞台
★ 克服演說的恐懼
★ 征服舞台的秘密
★ 如何能說還會賣
★ 會議服務的系統
★ 互動提問的技巧
★ 影響團隊的秘密
★ 公眾演說的技巧
★ 會議行銷的技術
★ 運用故事做行銷
★ 演說器材的操作
★ 簡報教材的設計
★ 有效辦好說明會

4

以課導客

　　現在是個「人人都能發聲」的自媒體時代，企業如果想要生存並突破發展困境，用最少的資源達到最大的收益，就必須要學會一種能力，叫做以「**課**」導「**客**」！也就是利用課程，來帶動客人上門，這些來上課的學生，要不就是未來的客戶、或能為你轉介紹客戶，要不就是成為你的員工、投資人、供應商、合作伙伴，多個願望均可藉一對多銷講一次達成。

　　當然，開辦一個有品質的專業課程，吸引潛在顧客自動上門學習，適用於各行各業，例如……

賣樂器的，可以開辦音樂課程；

賣精油的，可以開辦芳香療法的課程；

賣美妝保養品的，可以開辦彩妝課程；

賣衣服的，可以開辦服裝穿搭課程；

賣書的，可以開辦出書出版班課程；

保險業務人員，可以開辦健康理財或退休規畫課程；

不動產仲介人員，可以開辦買房議價或換屋實戰課程；

傳直銷業者，可以開辦健康養生課程或 WWDB642 之培訓……

　　企業培養專屬企業講師，創業者將自己訓練成能獨當一面的老師甚至大師，運用教育培訓置入性行銷，透過一對多公眾演說對外行銷品牌形象、提升企業能見度，將產品或服務賣出去，把用戶吸進來，達到不銷而銷的最高境界！

6.持續追蹤　　　　　　　　　　　1.課前準備

SUCCESS

TEAMWORK

SOLUTION

5.成交主張　　　　　　　　　　　2.精準客戶

MARKETING

STRATEGY

4.課程互動　　　　　　　　　　　3.塑造價值

培訓對象

★ 正在經營個人品牌的部落客、KOL、創業家

★ 擁有講師夢的人

★ 已有演講經驗，想要精進技巧的人

★ 沒有演講經驗，想跨出第一步的人

★ 想擁有下班後第二份收入的人

★ 想提升表達技巧者

★ 教育訓練及培訓人員

★ 企業主管與團隊領導人

★ 對學習講師技巧有興趣者

★ 有志往專業講師之路邁進者

★ 本身為講師卻苦無舞台者

- ★ 不畏懼上台卻不知如何招眾者
- ★ 想營造個人演說魅力者
- ★ 想成為企業內部專業講師
- ★ 想成為自由工作的明星講師
- ★ 未來青年領袖
- ★ 想開創斜槓人生者

　　魔法講盟開辦一系列優質課程，給予優秀人才發光發熱的舞台，週二講堂的小舞台與亞洲八大名師或世界八大明師盛會的大舞台，您可以講述自己的項目或是魔法講盟代理的課程以創造收入，協助超級好講師們將知識變現，生命就此翻轉！

輕鬆自由配

　　魔法講盟為各位超級好講師提供各種套餐組合，幫助您直接站上舞台，賺取被動收入，完整的實戰訓練＋個別指導諮詢＋終身免費複訓，保證晉級 A 咖中的 A 咖！

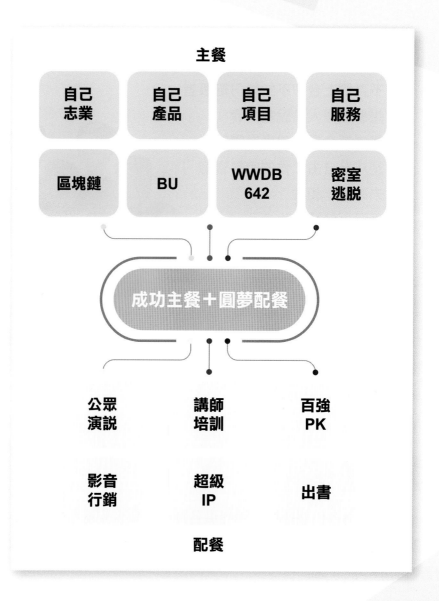

主餐

| 自己志業 | 自己產品 | 自己項目 | 自己服務 |
| 區塊鏈 | BU | WWDB 642 | 密室逃脱 |

成功主餐＋圓夢配餐

| 公眾演說 | 講師培訓 | 百強PK |
| 影音行銷 | 超級IP | 出書 |

配餐

　　魔法講盟開辦一系列優質課程，給予優秀人才發光發熱的舞台，週二講堂的小舞台與亞洲八大名師或世界八大明師盛會的大舞台，您可以講述自己的項目或是魔法講盟代理的課程以創造收入，協助超級好講師們將知識變現，生命就此翻轉！

⚡ 成功主餐

💡 自己的志業／產品／服務／項目

💡 區塊鏈授證講師

　　由國際級專家教練主持，即學・即賺・即領證！一同賺進區塊鏈新紀元！特別對接大陸高層和東盟區塊鏈經濟研究院的院長來台授課，是唯一在台灣上課就可以取得大陸官方認證機構頒發的四張國際授課證照，通行台灣與大陸和東盟 10 ＋ 2 國之認可。課程結束後您會取得大陸工信部、國際區塊鏈認證單位以及魔法講盟國際授課證照，魔法講盟優先與取得證照的老師在大陸合作開課，大幅增強自己的競爭力與大半徑的人脈圈，共同賺取人民幣！

💡 Business&You 授證講師

　　Business & You 的課程結合全球培訓界三大顯學：激勵・能力・人脈，專業的教練手把手落地實戰教學，啟動您的成功基因。魔法講盟投注巨資代理國際級培訓系統華語權之課程，並將全部課程中文化，目前以台灣培訓講師為中心，已向外輻射中國大陸各省，從北京、上海、杭州、重慶、廈門、廣州等地均已陸續開課，未來三年內目標將輻射中國及東南亞 55 個城市。15 Days to Get Everything，BU is Everything ！

💡 WWDB642 授證講師

為直銷的成功保證班,當今業界許多優秀的領導人均出自這個系統,完整且嚴格的訓練,擁有一身好本領,從一個人到創造萬人團隊,十倍速倍增收入,財富自由!傳直銷收入最高的高手們都在使用的 WWDB642 已全面中文化,絕對正統!原汁原味!從美國引進,獨家取得授權!!未和任何傳直銷機構掛勾,絕對獨立、維持學術中性!!結訓後可自行建構組織團隊,或成為 WWDB642 專業講師,至兩岸及東南亞各城市授課,翻轉人生下半場。

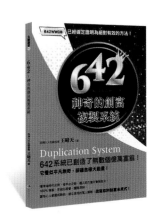

💡 密室逃脫創業育成

在台灣,創業一年內就倒閉的機率高達 90%,而存活下來的 10% 中又有 90% 會在五年內倒閉,也就是說能撐過前五年的創業家只有 1%!然而每年仍有高達七成的人想辭職當老闆!密室逃脫創業秘訓由神人級的創業導師——王晴天博士主持,以一個月一個主題的 Seminar 研討會形式,帶領欲創業者找出「真正的問題」並解決它,人人都有老闆夢,想要創業賺大錢,您非來不可!

公眾演說

好的演說有公式可以套用，就算你是素人，也能站在群眾面前自信滿滿地開口說話。公眾演說讓你有效提升業績，讓個人、公司、品牌和產品快速打開知名度！公眾演說不只是說話，它更是溝通、宣傳、教學和說服。你想知道的「收人、收魂、收錢」演說秘技，盡在公眾演說課程完整呈現！

國際級講師培訓

教您怎麼開口講，更教您如何上台不怯場，保證上台演說＆學會銷講絕學，讓您在短時間抓住演說的成交撇步，透過完整的講師訓練系統培養授課管理能力，系統化課程與實務演練，協助您一步步成為世界級一流講師，讓你完全脫胎換骨成為一名超級演說家，並可成為亞洲或全球八大名師大會的講師，晉級 A 咖中的 A 咖！

💡 兩岸百強講師 PK 賽

　　禮聘當代大師與培訓界大咖、前輩們共同組成評選小組，依照評選要點遴選出「魔法講盟百強講師」至各地授課培訓。前三名更可站上亞洲八大名師或世界華人八大明師國際舞臺，擁有舞臺發揮和兩岸上台教學的實際收入，展現專業力，擴大影響力，成為能影響別人生命的講師，讓有價值的華文知識散佈更深、更廣。凡是入選 PK 決賽者皆可獲頒「兩岸百強講師」的殊榮，為您的個人頭銜增添無上榮耀。

💡 出一本自己的書

　　由出版界傳奇締造者王晴天大師、超級暢銷書作家群、知名出版社社長與總編、通路採購聯合主講，陣容保證全國最強，PWPM 出版一條龍的完整培訓，讓您藉由出一本書而名利雙收，掌握最佳獲利斜槓與出版布局，布局人生，保證出書。快速晉升頂尖專業人士，打造權威帝國，從 Nobody 變成 Somebody ！魔法講盟的職志不僅僅是出一本書而已，而且出的書都要是暢銷書才行！保證協助您出版一本暢銷書！不達目標，絕不終止！此之謂結果論 OKR 是也！

💡 影音行銷

　　在消費者懶得看文字，偏愛影音的年代，不論你的目標對象是企業或是一般消費者，影音行銷相對於文字更具說服力與渲染力，簡單又簡短的影片行銷手法，立即完勝你的競爭對手。不用專業拍攝裝備，不用複雜影片剪輯技巧，不用燒腦想創意，只要一支手機就能輕鬆搞定千萬流量的影音行銷術，您一定不能錯過。

💡 打造超級 IP

　　魔法講盟整合業務團隊、行銷團隊、網銷團隊，建構全國最強之文創商品行銷體系，擁有海軍陸戰隊般鋪天蓋地的行銷資源，協助講師拍攝個人宣傳影片、製作課程文宣傳單、廣發 EDM 宣傳招生，為講師量身打造個人超級 IP。

🏠 **上課地點**
新北市中和區中山路二段 366 巷 10 號 3 樓　中和魔法教室

🕐 **上課時間**（全年課程只收一次場地費 100 元！ CP 值全國最高！）

3/20（五）晚 晴天（出書出版）	3/27（五）晚 宥忠（區塊鏈賦能）	4/14（二）晚 晴天（賺錢機器）	4/24（五）晚 晴天（密室逃脫）	4/29（三）晚 Jacky(超級好講師)
5/15（五）晚 宥忠（區塊鏈創業）	5/15（五）晚 宥忠（區塊鏈創業）	5/29（五）晚 晴天（賺錢機器）	6/23（二）晚 宥忠（區塊鏈證照）	6/30（二）晚 晴天（密室逃脫）
7/10（五）晚 Jacky(超級好講師)	7/24（五）晚 晴天（出書出版）	8/28（五）晚 晴天（密室逃脫）	9/8（二）下午 宥忠（區塊鏈賦能）	9/22（二）晚 晴天（賺錢機器）
11/10（二）晚 Jacky(超級好講師)	2021/1/12（二）晚 宥忠（區塊鏈創業）	4/13（二）晚 晴天（賺錢機器）	7/13（二）下午 宥忠（區塊鏈證照）	10/26（二）晚 Jacky(超級好講師)
12/14（二）晚 宥忠（區塊鏈賦能）	★下午課程 13:50～18:00		★晚上課程 18:30～20:30	

每堂課的講師與主題不同，建議您可以重複來免費學習，更多課程細節及明確日期，
請上新絲路官網 silkbook●com www.silkbook.com 查詢最新消息。

魔法講盟 • 專業賦能，超級好講師，真的就是你！